KB273239

한국의 멸종 위기 야생 동식물

원병오 외 18인 공저

광릉요강꽃

교 학 사

❖ 집필하신 분

권용정 경북대학교 농과대학 응용생물공학과 교수
김성수 경희여자고등학교 생물 교사
김 원 서울대학교 자연과학대학 생명과학부 교수
김익수 전북대학교 자연과학대학 생물과학부 교수
김정환 고려곤충연구소 소장
김진일 성신여자대학교 자연과학대학 생물학과 교수
남상호 대전대학교 이과대학 생명과학과 교수
노분조 전 이화여자대학교 자연과학대학 생물학과 교수
문태영 고신대학교 자연과학대학 생명과학부 교수
백남극 전 강릉대학교 자연과학대학 생물학과 교수
심재한 한국 양서·파충류 생태연구소 소장
옥정현 경상대학교 자연과학대학 생명과학부 연구원
우한정 전 한·일야생생물연구소 소장
원병오 경희대학교 명예 교수
윤무부 경희대학교 이과대학 생물학과 교수
윤성명 조선대학교 자연과학대학 생물학과 교수
최병래 성균관대학교 자연과학부 생명과학과 교수
한상훈 국립공원관리공단 반달가슴곰 관리팀 팀장
현진오 동북아식물연구소 소장

❖ 사진 제공해 주신 분

김철환 전북대학교 학술 연구 교수
문순화 생태 사진 작가
송기엽 생태 사진 작가
이경서 야생 난초 전문가
이영노 한국식물연구원 원장

간 행 사

　지구상에 최초의 생명체가 나타난 것은 35억 년 전쯤으로 추정된다. 그 후 물고기를 닮은 최초의 척추 동물과 곤충의 출현에 이어 3억~2억 년 전에는 최초의 식물인 양치식물과 함께 거대한 파충류인 공룡이 번성하였다. 3000만 년 전에는 육지에 울창한 삼림과 꽃들이 만발하여 포유 동물의 낙원을 이루었으며, 100만 년 전 4차례의 빙하기를 겪으면서 살아 남은 동식물과 더불어 원시 인간의 생활이 활발하였다. 이러한 생물의 진화 과정을 통하여, 동물과 식물은 오랜 세월에 걸쳐 서로 먹고 먹히는 관계를 유지하며 생태계의 평형을 이루고 있는 것이다.

　그러나 이미 100여 년 전 서구 기계 문명을 시작으로 산업화, 도시화의 물결에 휩쓸리면서 지구상의 자연 생태계가 크게 변질, 파괴되어 생물 상호간의 평형도 크게 위협받게 되었다.

　산 속에서 흔히 발견되던 인삼과 산삼이 멸종 위기에 이르렀고, 한반도에 서식하던 호랑이, 늑대, 반달가슴곰, 표범 등은 더 이상 찾아볼 수 없으며, 하천과 해수의 오염으로 물고기가 떼죽음을 당하는가 하면, 제주도 한라산 암벽에 자생하는 암매(돌매화나무)가 함부로 채취되어 꽃시장과 집 뜰에 심어져 있는 일 등 수많은 사례를 들 수 있다. 참으로 마음 아픈 일이 아닐 수 없다.

　이러한 상황 속에 환경부에서 멸종 위기 동식물의 종수를 Ⅰ급 50종, Ⅱ급 171종으로 확대 선정하고, 이를 보호하기 위하여 〈자연 환경 보전법〉을 개정하고 〈야생 동식물 보호법〉을 제정하여 공포한 것은 대단히 중요하고 의의 있는 일이라 생각된다.

　'한국의 자연 시리즈'를 발간해 오던 교학사에서 이번에 원색 도감 「한국의 멸종 위기 야생 동식물」의 개정판을 출간하게 된 것을 기쁘게 생각하며, 이 책이 널리 보급되어 온 국민이 자연 보호와 야생 동식물 보호 운동에 동참하는 계기가 되었으면 하는 바람이다.

2005년 7월
한국식물연구원장 이학박사 이영노

차 례

멸종 위기 Ⅱ급

일러두기

■ 환경부에서 선정한 멸종 위기 야생 동식물 Ⅰ급 50종과 Ⅱ급 171종의 컬러 사진과 해설을 실었다.

■ 본문의 배열은 포유류 → 조류 → 양서·파충류 → 어류 → 곤충류 → 무척추 동물 → 육상 식물 → 해조류 순으로 하였다.

■ 종의 배열은 환경부에서 발표한 목록 순서에 따랐다.

■ 구별을 쉽게 하기 위하여 본문 상단에 멸종 위기 Ⅰ급 종과 Ⅱ급 종을 서로 다른 색으로 표시하였다.

■ 도판은 가능하면 생태 사진을 싣고자 노력했으며, 부득이한 경우에는 표본 사진과 그림을 실었다.

■ 포유류의 치식 설명에서 사용한 영문 약자의 우리말 용어는 다음과 같으며, 위턱과 아래턱의 한쪽 방향에 있는 각 이빨의 수를 표기하였다.
I : 앞니 C : 송곳니 PM : 앞어금니 M : 어금니

■ 무척추 동물의 특징 설명 중 화두식에서 사용한 영문 약자의 우리말 용어는 다음과 같다.
P : 포인트 쌍의 수 r : 포인트의 부속골편 쌍의 수 cr : 화관골편의 수
S. B. : 지지골편 다발 M : 포인트 사이의 중간골편 쌍의 수

■ 부록에 '멸종 위기 야생 동식물 목록'을 실어, 221종을 한눈에 볼 수 있도록 하였고, 개정된 '자연 환경 보전법'과 '야생 동식물 보호법'을 실어 편리하게 찾아볼 수 있도록 하였다.

포유류

글 · 사진 / 우한정 · 한상훈

호랑이

1. 늑대
(식육목/개과)

학명 · *Canis lupus*
coreanus Abe
영명 · Korean Wolf

사진/우한정

치식 I 3/3 C 1/1 PM 4/4 M 2/3 = 42개

측정치 머리와 몸 길이 1100~2100mm, 꼬리 길이 345~440mm, 귀 길이 100mm, 뒷다리 길이 240~250mm, 어깨 높이 660~810mm, 몸무게 80kg

형태 털의 색은 회색, 붉은색, 검은색 등 다양하며 변이가 심하다.

생태 짝짓기 시기는 1~2월, 임신 기간은 61~63일, 수명은 8~16년 (사육 20년) 정도이다. 1회에 5~10마리의 새끼를 낳으며, 동물의 사체, 조류, 식물을 즐겨 먹는다. 시각, 청각, 후각이 발달되어 있어서 2km 이상 떨어져 있는 동물의 사체도 쉽게 찾아 낸다. 낮에는 산림이 무성한 숲에서 수면, 가수면 상태로 휴식한다.

실태 우리 나라에서는 쥐약에 의한 피해로 개체 수가 급격히 감소하여 멸종 위기에 처해 있다. 현재 야생에서는 멸종된 것으로 추측하고 있으며, 동물원에서 사육되고 있다.

2. 대륙사슴 (우제목/사슴과)

학명 · *Cervus nippon* Temminck
영명 · Sika Deer

사진/한상훈

치식 I 0/3 C 1/1 PM 3/3~4 M 3/3 = 34~36개

측정치 머리와 몸 길이는 수컷 1900mm · 암컷 1500mm, 꼬리 길이는 1500mm, 두골 길이 최대 3100mm, 몸무게는 수컷 130kg · 암컷 80kg

형태 크기는 지리적 변이가 많다. 위턱에는 앞니가 없고, 아래턱의 송곳니는 앞니처럼 변화하여 마치 4쌍의 앞니가 있는 것처럼 보인다. 뿔은 수컷만 있으며, 봄부터 여름에 걸친 성장기에는 부드러운 털로 덮여 있고, 혈액이 흐르고 있다(녹용). 가을이 되면 표피는 벗겨져 골화(骨化)한 뿔의 모습이 드러난다(녹각). 그리고 이듬해 봄이 되면 녹각은 떨어져 나가고 새로운 뿔이 다시 생성된다.

생태 수명은 수컷 10~12년(사육 16년), 암컷 15~20년(사육 22년)이다. 30종 이상의 식물성 먹이를 먹는다. 짝짓기 시기는 10월 하순~11월 상순이며, 이 시기를 제외하고는 암수가 따로 생활한다.

실태 아시아에 자연 서식하며, 유럽, 미국, 뉴질랜드에서는 야생화하고 있다. 우리 나라에서는 남한에서 1940년대에 멸종되었다. 현재 야생 사슴은 북한의 산림 지대에 분포하며, 북한에서 천연 기념물로 지정되어 있다.

3. 바다사자 (식육목/바다사자과)

학명 · *Zalophus californianus japonicus* (Peters)
영명 · Sea Lion

사진/우한정

치식　I 3/2　C 1/1　PM 4/4　M 1-2/1 = 32～34개

측정치　머리와 몸 길이는 수컷 2200mm · 암컷 1800mm, 몸무게는 수컷 275kg · 암컷 91kg

형태　수컷이 암컷보다 훨씬 크다. 몸은 암수 모두 암갈색이나 암컷은 약간 밝은색을 띠는 것이 많다. 수컷의 일부는 목덜미와 콧등이 희끄무레하다. 수컷의 갈퀴는 다른 바다사자처럼 발달되어 있지 않다.

생태　멕시코와 캘리포니아에서는 5～6월에 새끼를 낳고, 갈라파고스 제도에서는 5～6월과 12～1월에 새끼를 낳으며, 수유 기간은 5～12개월이다. 잡식성으로 채소류, 물고기, 두족류 등을 먹는 것으로 추측된다.

실태　북아메리카 서해안에서, 북쪽으로는 브리티시 컬럼비아로부터 남쪽으로는 바하칼리포르니아 남단 및 크르테스 해까지 분포한다. 우리 나라에 분포하는 개체는 멸종 위기에 처해 있다.

4. 반달가슴곰 (식육목/곰과)

학명 · *Ursus thibetanus ussuricus* Heude
영명 · Asiatic Black Bear

사진/한상훈

치식　I 3/3 C 1/1 PM 4/4 M 2/3 = 42개

측정치　머리와 몸 길이 1380~1920mm, 꼬리 길이 80mm, 귀 길이 90~155mm, 뒷다리 길이 210~240mm

형태　몸은 광택이 나는 검은색으로 앞가슴에 반달 모양의 큰 무늬가 있다. 이 무늬는 변이가 심하여 큰 것, 작은 것, 드물게는 전혀 없는 것도 있다. 코는 뾰족하고 짧으며, 이마는 넓적하고 귀는 크다. 발은 비교적 약하며, 발가락은 짧고 발톱은 날카롭다.

생태　잡식성이며, 도토리, 어린 싹, 가재, 지렁이, 곤충, 농작물 등을 먹는다. 짝짓기 시기는 7~9월, 임신 기간은 210일, 2~3월에 2마리의 새끼를 낳는다. 수유 기간은 6개월, 수명은 60~70년이다.

실태　우리 나라에서는 설악산과 지리산에 분포하는데, 정확한 개체 수는 알 수 없다. 천연 기념물 제329호이다.

5. 붉은박쥐

(박쥐목/애기박쥐과)

학명 · *Myotis formosus*
tsuensis Kuroda

영명 · Copper-winged
Bat

사진/우한정

치식　I 2/3 C 1/1 PM 3/3 M 3/3 = 38개

측정치　머리와 몸 길이 47.5～57mm, 꼬리 길이 47～53mm, 귀 길이 16.5～17mm, 앞발 길이 45～50mm, 뒷발 길이 11～13mm

형태　몸의 털은 양털과 비슷하지만 광택이 없다. 등 쪽과 몸 아랫부분, 귓바퀴, 비막(飛膜), 퇴간막(腿間膜)은 오렌지색이고, 가슴과 배는 색이 짙다. 귀구슬〔耳珠〕은 가늘고 길며 약간 굽었고, 비막은 다리의 바깥쪽 기부에 붙었다. 종아리는 비교적 길며, 꼬리 끝이 비막 바깥쪽으로 약간 돌출했다.

생태　야행성으로, 낮에는 나뭇가지나 동굴 속에서 쉬고 밤에 곤충을 잡아먹는다. 무리는 크지 않으며 5마리 이내인 듯하다.

실태　한국, 일본, 타이완, 아프가니스탄 동부에서 중국 남부까지 분포한다. 우리 나라에서는 폐광이나 동굴과 나뭇가지 등에서 20회 정도의 채집 기록이 있으나 희귀하다.

16

6. 사향노루 (우제목/사향노루과)

학명 · *Moschus moschiferus parvipes* Hollister
영명 · Siberian Musk Deer

사진/한상훈

치식 I 0/3 C 1/1 PM 3/3 M 3/3 = 34개

측정치 머리와 몸 길이 650~850mm, 꼬리 길이 30~40mm, 귀 길이 75~107mm, 뒷다리 길이 230~260mm, 어깨 높이 50mm

형태 몸 위쪽은 암흑갈색이고 몸 아래쪽은 갈색과 흰색이 섞여 있다. 목 뒤에서 허리에 걸쳐 유백색의 무늬가 있고, 뺨, 눈, 귀 사이에 무늬가 있으며, 턱 아래는 회백색, 귓속은 흰색이다. 흰 줄이 눈에서 목의 좌우, 앞가슴을 지나 앞다리 안쪽까지 내려가 있다. 뿔은 없다.

생태 바위가 많고, 해발 1000m 이상의 침엽수림 또는 침엽수와 활엽수의 혼합림에 산다. 지의류, 초본, 관목, 나무의 열매 등을 먹으며, 시각과 청각이 잘 발달하였고, 겁이 상당히 많다. 짝짓기 시기는 12월, 임신 기간은 5~6개월, 1~2마리의 새끼를 낳는다.

실태 중국 동북 지방, 동부 시베리아, 아무르, 우수리, 한국의 고준 지역에 분포한다. 천연 기념물 제216호이다.

7. 산양 (우제목/소과)

학명 · *Naemorhedus goral raddeanus* (Heude)
　　　Naemorhedus caudatus (Miline-Edwards)
영명 · Amur Goral

치식 Ⅰ 0/3　C 0/1　PM 3/3　M 3/3 = 32개

측정치 머리와 몸 길이 1150～1295mm, 꼬리 길이 112～150mm, 귀 길이 120～130mm, 뒷다리 길이 300mm, 어깨 높이 650mm, 뿔 길이 132mm

형태 안선(顔腺)이 없는 것이 가장 큰 특징이다. 겨울털은 회황갈색으로 등 쪽의 정중앙선은 어두운 색이고, 주둥이로부터 뒷머리에 이르는 부분은 검은색이다. 머리 쪽과 입술은 회황색에 검은색이 섞여 있다. 목에 흰색의 큰 반점이 있다.

생태 높은 산의 험한 바위나 절벽으로 둘러싸인 곳에 살며, 겨울에는 폭설을 피하여 낮은 곳으로 이동한다. 사는 곳을 지키려는 습성과 귀소성(歸巢性)이 매우 강한 동물로, 동굴 속에서 2～5마리로 무리를 지어 산다. 초식성으로, 다양한 종류의 풀을 먹는다. 짝짓기 시기는 9～10월, 임신 기간은 250～260일로 남방계일수록 짧으며, 4～6월에 1～3마리의 새끼를 낳는다.

실태 한국, 중국, 시베리아 등에 분포하는데, 폭설과 남획으로 생존을 위협받고 있으며, 극동의 종들은 멸종 위기에 처해 있다. 우리 나라는 경상북도 울진의 통고산이 남한계선이며, 해발 1000m 이상의 강원도 고준 지대의 암석이 많은 곳에 서식한다. 천연 기념물 제217호이다.

사진/윤무부

8. 수달 (식육목/족제비과)

학명 · *Lutra lutra* (Linnaeus)
영명 · Otter

사진/환경부

치식 I 3/3 C 1/1 PM 4/3 M 1/2 = 36개

측정치 머리와 몸 길이 640~820mm, 꼬리 길이 300~500mm, 귀 길이 28mm

형태 몸은 길고, 꼬리는 몸 길이의 2/3 정도이며 굵다. 털은 회갈색으로 등 쪽의 색이 짙으며, 가슴, 목, 뼈는 보통 색이 엷다.

생태 수명은 12년(사육 20년) 정도, 물고기, 가재, 개구리, 뱀, 물새류 등을 먹는다. 집은 짓지 않고 물가의 나무 뿌리, 계곡의 바위틈 등 은폐된 공간에서 살며, 매우 민감하다. 특이한 냄새가 나는 배설물과 발자국으로 사는 곳을 쉽게 찾을 수 있다. 짝짓기 시기는 1~2월이며, 2~4마리의 새끼를 낳는다.

실태 아시아 중부, 한국, 중국, 일본, 사할린, 타이완, 인도의 아샘, 히말라야, 북아메리카, 유럽 등에 널리 분포한다. 천적은 별로 없으나 수질 오염으로 인한 먹이의 감소, 모피의 이용 등으로 개체 수가 감소하고 있다. 우리 나라에서는 섬진강, 거제도, 강원도 양양, 전라북도 진안 등에 극소수가 서식하고 있으며, 천연 기념물 제330호이다.

9. 시라소니 (식육목/고양이과)

학명 · *Lynx lynx* Linnaeus
영명 · Eurasian Lynx

사진/한상훈

치식 I 3/3 C 1/1 PM 2/2 M 1/1 = 28개

측정치 머리와 몸 길이 최대 1300mm, 꼬리 길이 250mm 이하, 두골 길이 최대 147mm, 몸무게 18~32kg

형태 털은 매우 짧고, 여름에는 적회색, 겨울에는 회백색을 띤다. 일 년 내내 검은 반점이 있다. 네 발은 길고 건장하며, 꼬리는 짧고, 끝이 두껍고 검다. 뺨에 호랑이와 닮은 75mm 정도의 긴 수염이 있다.

생태 주로 유라시아 대륙 북부 침엽수림 지대에 생활하는 전형적인 삼림성 동물이다. 청각과 시각 기능이 매우 발달하였으며, 귀 끝에 솟은 긴 털은 안테나와 같이 매우 작은 소리도 놓치지 않는다. 자신보다 몸이 큰 사슴, 멧돼지 등 대형 동물을 혼자서 잡을 수 있다. 짝짓기 시기는 2~3월, 임신 기간은 63~74일, 2~3마리의 새끼를 낳으며, 새끼들은 2~3살이 되면 성적으로 성숙한다.

실태 유라시아 동서에 걸쳐 온대 북부 지역~아한대 지역에 분포한다. 우리 나라 북부 지역에 서식하는 것이 밝혀진 것은 1세기도 안 되며, 최근에 남부 지리산 산림 지대에까지 서식하는 것이 알려졌다.

10. 여우 (식육목/개과)

학명 · *Vulpes vulpes peculiosa* Kishida
영명 · Korean Red Fox

사진/우한정

치식 I 3/3 C 1/1 PM 4/4 M 2/3 = 42개

측정치 머리와 몸 길이 660~680mm, 꼬리 길이 420~440mm, 몸무게 5~8kg

형태 털은 개체에 따라 다르나 보통 등 쪽은 붉은 갈색에서 진한 붉은색을 띠고, 배는 흰색에서 검은색, 꼬리의 끝은 흰색을 띤다.

생태 행동권은 12km 정도이며, 후각이 예민하고 경계심이 강하다. 짝짓기 시기는 1~2월, 임신 기간은 52~56일, 4월경에 4~9마리의 새끼를 낳는다. 일부일처이며, 수컷이 암컷에게 먹이를 준다. 육식성으로 지렁이, 패류, 게, 곤충, 물고기, 들쥐 등을 먹는다. 집은 짓지 않고 오소리의 집을 빼앗기도 한다. 굴은 보통 2개인데, 입구의 것은 먹이를 먹는 곳이고 안쪽의 것은 잠자리이다.

실태 우리 나라에서는 쥐약에 의한 피해와 모피의 이용 등으로 개체 수가 급격히 감소하여 멸종 위기에 처해 있다. 현재 야생에서는 멸종된 것으로 추측하고 있으며, 동물원에서 사육되고 있다.

11. 표범 (식육목/고양이과)

학명 · *Panthera pardus orientalis* Schlegel
영명 · Far Eastern Leopard

사진/한상훈

치식 I 3/3 C 1/1 PM 3(2)/2 M 1/1 = 28~30개

측정치 머리와 몸 길이 1219~1450mm, 꼬리 길이 711~909mm, 몸무게 80~100kg

형태 몸은 보통 담갈색 바탕에 검은 점이 있으나 변이가 매우 심하다. 전형적으로 머리 부분의 반점은 작고 등 쪽과 네 다리의 반점은 약간 크다. 귀는 짧고 둥글며 끝에 터벅털은 없다. 수염은 짧고, 꼬리는 가늘고 길며, 발톱은 반달 모양으로 강하고 날카롭다. 겨울털은 황갈색이며 반점은 없고, 양 옆구리와 다리는 황백색이며 배는 흰색이다.

생태 고산의 밀림 지대에 살며, 동작이 빠르고 나무를 잘 타며 헤엄도 잘 친다. 짝짓기 시기는 1월, 임신 기간은 100일 정도이며, 2~5마리의 새끼를 낳는다.

실태 한국, 중국, 러시아 연해주에 분포한다. 우리 나라에서는 1959년에 덕유산에서, 1960년에 경상남도 합천에서 잡힌 것이 마지막 기록이다. 현재 야생에서는 멸종된 것으로 추측하고 있으며, 동물원에서 사육되고 있다.

12. 호랑이 (식육목/고양이과)

학명 · *Panthera tigris altaica* (Temminck)
영명 · Korean Tiger / Amur Tiger

사진/편집부

치식 I 3/3 C 1/1 PM 3(2)/2 M 1/1 = 28~30개

측정치 머리와 몸 길이 1860mm, 꼬리 길이 870mm, 귀 길이 90mm, 몸무게는 수컷 380kg · 암컷 160kg

형태 등 쪽은 암적황색이며, 다리는 약간 엷은 색이다. 등 쪽에는 불규칙한 검은 무늬가 많이 있으나 앞다리 옆면에는 적다. 주둥이 끝은 암연피색(暗軟皮色)이고 눈과 뺨 밑에는 흰색의 뚜렷한 검은 점이 있다. 꼬리 끝과 후면은 회백색에서 연피색으로 8~9개의 둥근 검은 무늬가 있는데, 꼬리 끝 가까이 있는 2개의 무늬는 아주 검다. 가을털은 짧은 편으로 등 쪽의 검은 털은 길이 31mm, 노란 털은 길이 23mm 정도이다. 겨울털은 여름털에 비하여 엷은 색이고 길다. 수염은 흰색으로 길이 165mm, 지름 1.5mm 정도이다.

생태 동작이 빠르고 조심성이 많다. 하룻밤에 50~60km를 달린다. 높이 4m 이상을 점프할 수 있고, 6~7월에는 해발 1500m 이상의 계곡에서 살다가 8월이면 다소 밑으로 내려온다. 임신 기간은 98~110

사진/편집부

일이며, 2년에 한 번씩 3마리 정도의 새끼를 낳는다. 생후 5년이 되어야 성숙하고, 수명은 15년(사육 20년) 정도이다. 이동 거리는 80~90km이고, 겨울에는 300~400km를 이동한다. 주로 멧돼지, 노루, 사슴 등을 먹는다.

실태 백두산과 장백산 일대, 중국 동북 지방의 소흥안령 일대, 러시아 연해주의 우수리스크 지역이나 시호테알린 산맥 일대 등 극히 한정된 지역에만 분포한다. 러시아 연해주에 400마리, 중국 동북 지방 흑룡강성에 9~13마리, 백두산과 장백산 일대에 5~6마리 등, 409~413마리가 잔존하는 생존 총수이다. 우리 나라 남한에서는 현재 멸종된 것으로 추측된다.

1. 담비(대륙목도리담비) (식육목/족제비과)

학명 · *Martes flavigula koreana* Mori
Martes flavigula Boddaert
영명 · Korean Yellow-necked Marten

사진/우한정

치식　Ⅰ 3/3　C 1/1　PM 4/4　M 1/2 = 38개

측정치　머리와 몸 길이 590~675mm, 꼬리 길이 400~410mm, 뒷다리 길이 103~138mm, 귀 길이 34~51mm, 몸무게 5~7kg

형태　우리 나라 담비 중 가장 크며, 꼬리가 몸 길이의 2/3 정도로 매우 길다. 머리, 얼굴, 다리, 꼬리는 흑갈색이고, 귀 뒤에 검은 띠가 있다. 등 쪽은 대부분 담연피색이고, 목의 털은 연피색이며, 기부는 어두운 색이다. 발가락의 이면에 털이 있다. 여름털은 희고, 몸 후반부로 갈수록 암갈색을 띤다. 여름털이 겨울털보다 짧고 아름답다.

생태　작은 동물을 먹으며, 나무를 잘 탄다. 임신 기간은 변이가 심한데, 보통 5~6개월이다. 산림에서 무리를 지어 서식하고, 먹이도 집단으로 습격하며, 해가 뜨기 1시간 전에 쌍으로 활동한다.

실태　한국, 중국, 자바 섬, 수마트라 섬, 보르네오 섬 등에 분포하는데, 남획되어 개체 수가 급격히 감소하고 있다.

2. 무산쇠족제비 (식육목/족제비과)

학명 · *Mustela nivalis* Linnaeus
영명 · Lesser Weasel

사진/김기섭

치식　I 2/3 C 1/1 PM 2/3 M 3/3 = 36개

측정치　머리와 몸 길이는 수컷 180mm · 암컷 155mm, 꼬리 길이는 수컷 30mm · 암컷 27mm, 몸무게는 수컷 80~100g · 암컷 50g

형태　수컷이 암컷보다 조금 크며, 꼬리는 몸 길이에 비해 매우 짧고, 끝이 뾰족하며, 네 다리도 매우 짧다. 계절에 따라 털갈이를 하는 것으로 알려졌으나, 남한에서 털갈이 현상은 확인되지 않았다.

생태　몸은 작지만 먹이에 대한 공격성이 강하며, 숲에서 산다. 발톱이 약해서 땅을 파기가 어려우므로 쥐구멍을 빼앗아 살거나 돌구멍, 나무 뿌리 밑에 산다. 밤낮으로 활동하며, 주로 쥐 종류와 새, 뱀, 개구리도 잡아먹는다. 짝짓기는 3월에 시작되어 여름까지 계속되기도 한다. 임신 기간은 54일 정도이며, 4~7마리의 새끼를 낳는다.

실태　유라시아의 중위도 이북에서 북아메리카에 걸쳐 분포한다. 우리 나라에서는 1927년에 함경북도 무산에서 처음 포획되었는데, 남한에서는 서울에서 1974년 7월에 처음 발견된 이후 10여 개체가 채집되었으며, 지리산 일대까지 서식하고 있다.

3. 물개 (식육목/바다사자과)

학명 · *Callorhinus ursinus* (Linnaeus)
영명 · Northern Fur Seal

치식　I 3/2　C 1/1　PM 4/4　M 1-2/1 = 34〜36개

측정치　머리와 몸 길이는 수컷 2130mm · 암컷 1420mm, 몸무게는 수컷 180〜270kg · 암컷 43〜50kg

형태　물갈퀴가 발달되어 있어서 헤엄을 잘 친다. 몸은 젖은 상태에서는 검은색으로 보이지만 마른 상태에서는 다양한 색을 띤다. 수컷이 암컷보다 훨씬 크다.

생태　수명은 약 25년이고, 먹이는 계절과 연령에 따라 다르다. 주로 오징어, 청어, 명태, 정어리 등을 먹는다.

실태　130만 마리의 개체군이 베링 해 동부의 프리빌로프 제도에서 번식하고, 서부의 코만도르스키예 제도에 26만 5천 마리, 오호츠크 해의 로빈 섬에 16만 5천 마리, 쿠릴 열도에 3만 3천 마리, 캘리포니아 앞바다의 산미겔 섬에 약 200마리가 있다. 우리 나라에서는 강장제와 모피, 고기의 이용으로 남획되어 멸종되었다.

4. 물범 (식육목/물범과)

학명 · *Phoca largha* Pallas
영명 · Spotted (Largha) Seal

사진/윤무부

치식　I 3/2 C 1/1 PM 4/4 M 1-2/1 = 34～36개

측정치　머리와 몸 길이는 수컷 1560mm · 암컷 1500mm, 몸무게는 수컷 90kg · 암컷 80kg

형태　몸 위쪽은 담황색을 띠고 몸 옆과 등에는 암갈색 또는 검은색의 무늬가 있는데, 각 무늬는 크기와 모양이 불규칙하다. 배는 흰색이고 무늬는 없다. 주둥이 끝은 협소하고 중앙에는 골이 있다. 수염은 밑으로 갈수록 좁고, 노란색을 띠며, 등은 어두운 노란색이다.

생태　2월 중순～4월에 새끼를 낳으며, 북쪽으로 갈수록 늦고, 수유기간은 3～4주이다. 수명은 수컷 29년, 암컷 32년(사육 43년) 정도이다. 물고기와 대형 플랑크톤을 먹고, 가족군이 얼음덩어리 사이에서 생활하며, 여름에는 연안에서 휴식하고, 때로는 하천에 올라온다.

실태　베링 해, 추코트 해, 오호츠크 해, 홋카이도 근해, 서해 등지에 분포한다. 우리 나라에서는 백령도 부근에 약 300마리가 서식하고 있으며, 개체 수가 계속 증가하고 있다. 천연 기념물 제331호이다.

5-1. 흰띠백이물범 (식육목/물범과)

학명 · *Phoca fasciata* Zimmermann
　　　Histriophoca fasciata (Zimmermann)
영명 · Ribbon (or Banded) Seal

치식 I 3/2 C 1/1 PM 4/4 M 1/1 = 34개

측정치 머리와 몸 길이는 수컷 1240~1500mm · 암컷 1160~1380mm, 몸무게는 수컷 65~95kg · 암컷 45~80kg

형태 대형종으로 몸은 은회색에서 암회색이다. 등 쪽은 검고, 몸 옆에 흰색의 고리 무늬가 있다. 수컷은 목, 허리, 앞다리 기부에 황백색의 뚜렷한 띠무늬가 있고, 암컷은 몸의 뒤쪽에 흰 띠가 있다. 주둥이는 좁고, 중앙에 한 개의 홈이 있으며, 지리적 변이는 적다.

생태 수명은 수컷 31~43년, 암컷 23~40년이다. 3~4월에 유빙이나 눈굴에서 출산하며, 수유 기간은 2.5개월이다. 수컷은 바닷속에서 소리를 내어 세력권을 방어한다. 수심 600m 깊이까지 잠수하며, 1시간 이상 물 속에서 지낼 수 있다.

실태 북극 주변에 분포하며, 캐나다의 북극권, 오호츠크 해, 베링해, 추코트 해에서 번식한다. 우리 나라에서는 대동강 하류에서 1개체가 포획된 적이 있다.

5-2. 고리무늬물범 (식육목/물범과)

학명 · *Phoca hispida* Schreber
영명 · Ringed Seal

치식 I 3/2 C 1/1 PM 4/4 M 1/1 = 34개

측정치 머리와 몸 길이는 수컷 1240~1500mm · 암컷 1160~1380mm, 몸무게는 수컷 65~95kg · 암컷 45~80kg

형태 다른 물범에 비해 몸이 가늘고 다리와 꼬리가 약간 길다. 머리는 작고, 주둥이는 뾰족하며, 몸의 위쪽은 상앗빛이다. 몸 옆과 등에는 선명한 갈색의 반점이 있고, 각 반점 주위에 엷은 색의 연취(緣取)가 있다.

생태 수명은 수컷 43년, 암컷 40년이다. 출산은 3~4월에 유빙이나 눈굴에서 한다. 수유 기간은 정착빙에서는 2.5개월이나 계속되지만 불안정한 유빙 위에서는 훨씬 짧다. 서식 수는 350만~600만 마리로 추정되며, 연안에서 대구와 갑각류, 외양에서는 대형 플랑크톤이나 물고기를 먹는다.

실태 캐나다의 북극권, 오호츠크 해, 베링 해, 추코트 해에서 번식하고, 6월경 무리를 지어 하천으로 올라온다. 우리 나라에서는 매우 드물게 나타난 것으로 추정하나, 확실한 증거나 관찰 예는 아직 없다.

6. 삵 (식육목/고양이과)

학명 · *Felis bengalensis manchurica* Mori
　　　Prionailurus bengalensis (Kerr)
영명 · Leopard Cat / Small-eared Cat / Bengal Cat

사진/우한정

치식 I 3/3　C 1/1　PM 3(2)/2　M 1/1 = 30개

측정치 머리와 몸 길이 550mm, 꼬리 길이 325mm, 뒷다리 길이 42mm

형태 몸에 부정확한 반점이 많은 것이 특징이며, 고양이보다 훨씬 크다. 꼬리에 가로띠가 있으며, 눈 위, 코, 이마 양쪽에 흰 무늬가 뚜렷하다. 발톱은 작고, 매우 날카로우며, 황백색이다. 배에는 다소 검은 황갈색의 반점이 있다. 꼬리에는 회황갈색의 희미한 7개의 환상반(環狀斑)이 있으며, 꼬리 끝은 검다.

생태 야행성이지만 산간 벽지에서는 낮에도 활동한다. 산림 지대의 계곡과 바위 근처에 살며, 연안이나 관목이 뒤덮인 산간 개울에도 산다. 단독 또는 한 쌍으로 살며, 작은 동물, 야생 조류와 가축에 피해를 준다. 임신 기간은 약 56일이고, 2~4마리의 새끼를 낳으며, 수명은 10년 이내이다.

실태 한국, 중국 동북 지방, 일본 쓰시마 등지에 분포한다. 남획과 쥐약에 의한 피해로 개체 수가 급격히 감소하고 있다.

7. 작은관코박쥐 (박쥐목/애기박쥐과)

학명 · *Murina ussuriensis* Ognev
영명 · Ognev's Tube-nosed Bat

사진/하시모토(橋本肇)

치식 I 2/3 C 1/1 PM 2/2 M 3/3 = 34개

측정치 머리와 몸 길이 38~54mm, 꼬리 길이 26~33mm, 귀 길이 12~17mm, 앞발 길이 28.4~33mm, 뒷발(발톱 포함) 길이 7~10.5mm, 두골 길이 최대 14.6~16mm, 몸무게 3.5~6.5g

형태 소형의 박쥐이다. 등의 털은 황토색에서 옅은 적갈색이다. 귓바퀴는 달걀 모양이며, 귀구슬은 가늘고 길다. 꼬리 끝이 1mm 정도 퇴간막(腿間膜) 바깥쪽으로 돌출하였다.

생태 삼림에서 생활하며, 나뭇구멍, 가옥 등을 이용하지만, 때때로 무성한 나뭇잎 속에서도 휴식하는 것이 관찰되기도 한다. 일본에서는 대부분 단독으로 발견되고 있다. 초여름에 1~2마리의 새끼를 낳는 것으로 알려져 있다.

실태 동북 아시아 일대에 분포하며, 2003년 여름에 처음으로 일본 쓰시마 섬에서 서식하는 것이 확인되었다. 그러나 우리 나라에는 분포와 생태에 관한 생물학적 정보가 전혀 없으며, 지리산에서 단 두 차례의 채집 사례만 보고되어 있다.

8. 큰바다사자 (식육목/바다사자과)

학명 · *Eumetopias jubatus* (Schreber)
영명 · Northern Sea-Lion / Steller Sea-Lion

치식　I 3/2　C 1/1　PM 3/3　M 3/2 = 34개

측정치　머리와 몸 길이는 수컷 4000mm · 암컷 3000mm, 몸무게는 수컷 1016kg · 암컷 274kg

형태　암수 모두 밝은 갈색 또는 적갈색이고, 신생아는 암갈색에서 흑갈색이다. 여름털은 암수 모두 엷은 적갈색이다. 앞다리 사이와 등 쪽은 어두운 색으로 가을에는 노란색을 띤 자주색이 되고, 겨울에는 흑갈색이 된다. 배 쪽은 암갈색이다. 수컷이 암컷보다 훨씬 크다.

생태　초산은 4~5세, 수컷은 5~7세가 되면 성숙하며, 출산은 5~6월에 한다. 수유는 8~11개월까지 하나 드물게는 1~2살까지 하기도 한다. 우는 소리가 사자처럼 크다. 물고기, 두족류, 조개류, 새우류, 게류 등을 먹는다.

실태　북위 66° 근처에서 북아메리카 서해안을 남하하여 캘리포니아의 산미겔 섬까지 분포한다. 주요 번식지는 쿠릴 열도, 캄차카 반도, 오호츠크 해, 알류샨 열도, 알래스카, 캐나다 연안 등이다. 군서 생활을 하기 때문에 밀렵이 많다.

34

9. 토끼박쥐 (박쥐목/애기박쥐과)

학명 · *Plecotus auritus* (Linnaeus)
영명 · Brown Long-eared Bat

사진/하시모토(橋本肇)

치식　I 2/3　C 1/1　PM 2/3　M 3/3 = 36개

측정치　머리와 몸 길이 42～60mm, 꼬리 길이 42～55mm, 귀 길이 38.9～41.9mm, 앞발 길이 40～45mm, 뒷발 길이 10.4～11.6mm, 두골 길이 최대 16.5～17.4mm, 몸무게 5～13g

형태　중형의 박쥐로, 귀가 매우 길어 머리와 몸 길이와 거의 비슷하다. 왼쪽과 오른쪽의 귀는 안쪽 기부에서 서로 접한다. 귀끝은 둥글고, 기부에는 현저한 돌기가 있다. 털은 암갈색 또는 엷은 갈색이다.

생태　삼림에서 생활하고, 무성한 숲의 나뭇잎이나 가지 등에 붙어 있는 나방과 강도래 등 곤충을 주식으로 한다. 초여름에 1마리의 새끼를 낳으며, 나뭇구멍을 주로 이용하지만 동굴이나 가옥도 이용한다. 초음파 주파수는 10～20kHz로 다른 박쥐에 비해 매우 낮은 주파수를 이용하는 감수성이 높은 청각을 지니고 있다. 지금까지 기록된 포유동물의 귀 중에서 가장 감도가 높다.

실태　유라시아와 아프리카에 걸쳐 널리 분포하지만, 우리 나라에서는 희귀하여 강원도와 경상북도 북부 일대 동굴에서만 확인되었다.

10. 하늘다람쥐 (설치목/청설모과)

학명 · *Pteromys volans aluco* Thomas
영명 · Russian (Siberian) Flying Squirrel

사진/우한정

치식 I 1/1 C 0/0 PM 2/1 M 3/3 = 22개

측정치 머리와 몸 길이 101~190mm, 꼬리 길이 70~121mm, 귀 길이 15~17mm, 뒷발 길이 24~35mm

형태 야행성으로 귓바퀴는 작고 눈이 크며, 앞·뒷다리 사이에는 비막이 있다. 털은 담연피갈색, 발은 회색, 몸 아랫면은 흰색, 비막의 아랫면과 꼬리는 담홍연피색이다. 음경 끝은 가늘고 길며, 두 갈래로 갈라져 있다. 꼬리는 몸 길이보다 짧고 평평하다.

생태 임신 기간은 약 40일, 수명은 8~10년이다. 우거진 산림이나 잣나무림에서 번식하며, 나뭇구멍과 나뭇가지 위에서도 번식한다. 이동시에는 높은 나무에 올라가서 목표 지점을 향하여 아래로 난다. 나무 위에서 생활하며, 땅에는 거의 내려오지 않는다. 어린 싹과 잎, 각종 나무 열매를 먹는다.

실태 한국, 중국 동북 지방, 러시아, 시베리아, 사할린, 홋카이도, 북유럽 등지에 분포하며, 천연 기념물 제328호이다.

조 류

글 · 사진 / 원병오 · 윤무부

고니

1. 검독수리 (수리과)

학명 · *Aquila chrysaetos* Linnaeus
영명 · Golden Eagle

사진/윤무부

형태 암수 동일하며, 머리 꼭대기와 뒷목은 황갈색이고, 날개 중앙
부에는 회갈색 무늬가 있다. 어린 새는 날개와 꼬리의 안쪽에 하얀
부분이 있다. 몸 길이 약 85cm.
생태 주로 내륙 지방의 바위 절벽에 번식하는 텃새이다. 해안선과
하천을 따라 남하하여 하구나 삼각주에서 한 마리 혹은 2∼3마리가
함께 생활한다. 작은 포유류와 중형의 조류를 주로 먹는다.
분포 한국과 일본 등지에 분포한다. 천연 기념물 제243호이다.

2. 넓적부리도요 (도요과)

학명 · *Eurynorhynchus pygmeus* (Linnaeus)
영명 · Spoon-billed Sandpiper

사진/윤무부

형태 암수 동일하며, 여름깃의 등, 머리, 윗가슴은 적갈색으로 검은 반점이 있고, 배는 흰색이다. 겨울이 되면 머리와 등의 적갈색이 회색으로 바뀌며, 굵은 검은색 무늬가 나타난다. 부리와 다리는 검은색이며, 부리 끝이 삼각형의 주걱 모양이다. 몸 길이 약 17cm.

생태 흔하지 않은 나그네새로 해안의 간척지, 하구의 삼각주, 육지의 소택지, 초습지 등 물가에서 생활한다. 5~6마리 또는 수십 마리의 무리를 이루고, 좀도요의 무리에 섞여 이동한다. 패류, 지렁이, 갑각류, 곤충류 등을 먹는다.

분포 구북구 동부, 툰드라 지대, 오호츠크 해 연안, 중국 동부, 한국, 일본 등지에 분포한다. 지구상에 4000~6000마리가 생존한다.

3. 노랑부리백로 (백로과)

학명 · *Egretta europhotes* (Swinhoe)
영명 · Chinese Egret

사진/윤무부

사진/윤무부

형태 암수 동일하며, 몸 전체가 흰색이다. 눈 앞의 나출부는 녹색이며, 뒷머리에는 약 8cm의 관우(冠羽)가 20개 이상 난다. 부리와 발가락은 노란색이다. 몸 길이 약 65cm.

생태 인천 신도에 번식하는 여름새로, 멸종 위기에 있는 국제 보호새이다. 강화도를 비롯한 서해 중부 도서와 해안에서 드물게 발견된다. 주로 어류, 갑각류 등을 잡아먹는다.

어린 새와 알

분포 동부 아시아의 온대 지역, 우수리, 중국 동북 지방과 동부, 한국 등지에서 번식하며, 홍콩에서도 적은 수가 번식한다. 타이완에서도 번식한다는 기록이 있다. 천연 기념물 제361호이다.

4. 노랑부리저어새 (저어새과)

학명 · *Platalea leucorodia* Linnaeus
영명 · Spoonbill

사진/윤무부

형태　암수 동일하며, 여름깃은 부리 끝과 윗가슴이 노랑고 부리와 다리는 검은색이며, 그 밖의 부분은 흰색이다. 겨울이 되면 가슴도 하얗게 되며, 부리 끝의 노란색도 엷어진다. 몸 길이 약 86cm.

생태　매우 귀한 겨울새로, 개활 습지, 얕은 호소, 큰 하천, 하구의 개펄, 암석과 모래로 덮인 섬 등지에서 살며, 부리를 흔들며 전진하면서 먹이를 찾는다. 작은 민물고기나 개구리, 올챙이, 조개류, 곤충 외에 호소 식물과 그 열매 등도 먹는다.

분포　남유럽, 북아프리카, 지중해 주변, 인도의 벵골 만, 스리랑카, 몽골, 중국 동북 지방, 우수리 등지에 분포한다. 지구상에 10,000마리 정도가 생존한다. 천연 기념물 제205호이다.

5. 두루미 (두루미과)

학명 · *Grus japonensis* (P. L. S. Müller)
영명 · Manchurian Crane

사진/윤무부

형태　암수 동일하며, 머리 꼭대기는 붉고, 턱 밑, 목, 날개의 뒤쪽, 다리는 검은색, 부리는 황갈색, 나머지 부분은 흰색이다. 몸 길이 약 140cm.

생태　휴전선 중서부, 강원도 철원, 판문점 부근 대성동, 인천에 규칙적으로 찾아오는 드문 겨울새이다. 가족군을 이루고 농경지에서 생활한다. 민물고기나 잠자리, 메뚜기, 개구리 등을 먹는다.

분포　일본 홋카이도 동북부, 구소련의 한카 호, 중국의 헤이룽장 성 서북부 등지에서 번식한다. 지구상에 2000마리 정도가 생존한다. 천연 기념물 제202호이다.

6. 매 (매과)

학명 · *Falco peregrinus* Turnstall
영명 · Peregrine Falcon

사진/윤무부

형태　암수 동일하며, 머리, 뺨, 등은 짙은 회색이다. 턱 밑은 흰색이고 가슴과 배는 흰색에 검은색의 가로줄 무늬가 있다. 어린 새는 가슴에 세로 점무늬가 있다. 몸 길이는 수컷 약 38cm, 암컷 약 51cm.

생태　드문 텃새로, 주로 해안이나 도서 지방의 절벽에서 서식한다. 홀로 생활할 때가 많고, 먹이를 발견하면 고공에서 날개를 오므리고 아주 빠른 속도로 급강하하여 발톱으로 먹이를 채는 것이 보통이다. 주로 작은 새나 병아리 등을 잡아먹는다.

분포　시베리아 동부, 오호츠크 해 연안, 캄차카 반도, 사할린, 한국, 일본, 타이완 등지에서 번식한다. 천연 기념물 제323호이다.

사진/윤무부

7. 저어새 (저어새과)

학명 · *Platalea minor* Temminck & Schlegel
영명 · Black-faced Spoonbill

사진/윤무부

형태　암수 동일하며, 부리와 다리는 검은색이고 그 밖의 부분은 흰색이다. 겨울깃은 뒷머리와 목이 노란색이다. 몸 길이 약 73.5cm.

생태　인천 강화도, 낙동강, 제주도 등지에 날아오는 겨울새로, 최근 서해의 무인도에서 번식하고 있는 것이 확인된 희귀조이다. 해안가나 간석지, 갈대밭 등지에서 생활한다. 작은 민물고기나 개구리, 올챙이, 연체 동물, 곤충, 호소 식물과 그 열매를 즐겨 먹는다.

분포　한국, 중국 동북 지방 등지에서 번식하며, 한국, 일본, 타이완, 인도차이나 등지에서 월동한다. 지구상에 630마리 정도가 생존한다. 천연 기념물 제205호이다.

8. 참수리 (수리과)

학명 · *Haliaeetus pelagicus* (Pallas)
영명 · Steller's Sea-Eagle

사진/윤무부

형태 암수 동일하며, 몸 전체가 거의 흑갈색이다. 이마, 어깨, 꼬리
는 흰색이며, 유난히 큰 부리와 발은 노란색이다. 몸 길이는 수컷
약 88cm, 암컷 약 102cm.

생태 매우 드문 겨울새로, 해안, 하천의 하류, 평지, 산지의 물가, 호
소 등지에서 생활한다. 대개 홀로 생활하나 독수리, 흰꼬리수리와
함께 무리를 짓기도 한다. 연어, 송어, 산토끼, 물범, 중형 조류, 각종
물고기, 동물의 썩은 고기 등을 주로 먹는다.

분포 캄차카 반도, 아무르 강, 사할린 등지에 분포하며, 우수리, 한국,
홋카이도 해안 등지에서 월동한다. 천연 기념물 제243호이다.

9. 청다리도요사촌 (도요과)

학명 · *Tringa guttifer* (Nordmann)
영명 · Nordmann's Greenshank

어린 새　　사진/원병오

형태　암수 동일하며, 여름깃은 머리, 등, 어깨가 회갈색으로 검은색
의 줄무늬가 있으며, 가슴과 배는 흰색이다. 겨울이 되면 가슴과 어
깨는 흰색이 되며, 등은 짙은 회색에 검은 무늬가 있고, 배와 허리
는 흰색이다. 몸 길이 약 30cm.

생태　봄과 가을에 통과하는 나그네새로, 해안의 소택지, 연못가, 하
구, 갯벌 등지에서 생활하며, 홀로 또는 4~5마리의 작은 무리를 이
루기도 한다. 곤충류, 조개, 갯지렁이 등을 즐겨 먹는다.

분포　사할린 남부 지역에서 번식하며, 중국과 한국 등 아시아 동부
를 거쳐 미얀마, 말레이시아, 필리핀 등지에서 월동한다. 지구상에
1000마리 정도가 생존한다.

사진/원병오

10. 크낙새 (딱다구리과)

학명 · *Dryocopus javensis* (Horsfield)
영명 · White-bellied Black Woodpecker

사진/윤무부

형태 수컷은 머리 꼭대기와 부리 옆의 무늬가 붉은색이나 암컷은 검다. 배는 흰색이며, 그 밖의 부분은 광택 있는 검은색이다. 부리는 녹색을 띤 노란색으로 끝만 검다. 몸 길이 약 46cm.

생태 매우 희귀한 텃새로 전나무, 잣나무, 소나무, 참나무, 밤나무 등 노거수가 우거진 어두운 자연 혼합림에 서식하며, 고목과 거수의 나무 구멍에서 번식한다. 울음 소리는 1km 밖에까지도 잘 들린다. 딱정벌레류의 유충을 먹는다.

분포 한국에만 분포한다. 천연 기념물 제197호이다.

11. 흑고니 (오리과)

학명 · *Cygnus olor* (Gmelin)
영명 · Mute Swan

사진/윤무부

형태   암수 동일하며, 몸 전체는 거의 흰색이다. 부리는 붉은색이며 눈 앞의 혹과 발은 검은색이다. 어린 새는 몸 전체가 회갈색이다. 몸 길이 약 152cm.

생태   동해안의 경포호, 송지호 등지에 찾아오는 희귀한 겨울새로, 농경지, 소택지, 호소, 초습지에서 생활한다. 주로 수생 식물을 먹지만 작은 동물도 먹는다.

분포   북유럽, 몽골, 시베리아 동부, 우수리 유역에서 번식하며, 북아프리카, 흑해, 아시아 서남부, 인도 서북부, 한국, 일본 등지에서 월동한다. 천연 기념물 제201호이다.

12. 황새 (황새과)

학명 · *Ciconia boyciana* Swinhoe
영명 · White Stork

사진/윤무부

형태   암수 동일하며, 몸 전체가 흰색이다. 부리와 날개의 뒷부분은 광택이 나는 검은색이며, 눈 주위와 다리는 붉은색이다. 몸 길이 약 112cm.

생태   중남부 지방의 하천이나 호소 근처에 드물게 찾아오는 겨울새이다. 호반, 하구, 소택지, 논 등 습지대 물가에서 산다. 홀로 또는 작은 무리로 생활하며, 조용하고 경계심이 많다. 민물고기, 개구리, 뒤쥐, 거미류, 곤충류, 가재, 벼의 뿌리 등을 주로 먹는다.

분포   시베리아, 연해주 남부, 중국 동북 지방, 한국 등지에 분포한다. 지구상에 2500~3500마리가 생존한다. 천연 기념물 제199호이다.

52

13. 흰꼬리수리 (수리과)

학명 · *Haliaeetus albicilla* (Linnaeus)
영명 · White-tailed Eagle

사진/윤무부

형태 암수 동일하며, 머리와 어깨는 황갈색이고 가슴, 배, 등은 갈색, 날개의 끝부분은 특히 어두운 갈색이다. 꼬리는 흰색이며, 부리와 발은 노랗다. 몸 길이는 수컷 약 80cm, 암컷 약 95cm.

생태 드문 겨울새로 해안의 바위, 갯벌, 소택지, 내륙의 호수, 하천, 하구 및 개활지에서 홀로 생활하며, 산악 지대에서는 서식하지 않는다. 연어, 송어, 산토끼, 쥐, 오리, 물떼새, 도요새, 까마귀 등을 잡아먹는다.

분포 전북구와 신북구의 일부 지역, 북극 하부 지역의 한대, 온대, 지중해에 분포한다. 천연 기념물 제243호이다.

1. 가창오리 (오리과)

학명 · *Anas formosa* Georgi
영명 · Baikal Teal

수컷　　사진/윤무부

형태 수컷은 머리 꼭대기가 검은색이고 가슴은 어두운 갈색이며, 배는 검은색 무늬가 있는 회색이다. 눈의 뒤쪽에는 청록색의 무늬가 있고, 눈의 앞쪽과 뺨의 중앙에는 노란색 무늬가 있다. 암컷의 몸은 검은색과 붉은빛을 띤 갈색이다. 몸 길이 약 40cm.

수컷

생태 겨울새로, 경상남도 주남 저수지에서 25만~27만 마리가 큰 무리를 이루고 호소, 소택지, 초습지에서 생활한다. 풀씨, 낟알, 수생 식물, 곤충, 다슬기 등을 즐겨 먹는다.

분포 시베리아 동부, 아무르 강, 사할린 북부에 분포하며, 중국, 한국, 일본 등지에서 월동한다.

2. 개구리매 (수리과)

학명 · *Circus aeruginosus* (Linnaeus)
영명 · Marsh Harrier

사진/윤무부

형태 수컷은 머리가 어두운 갈색 또는 검은색이고, 등과 날개는 회색 또는 검은색이며, 가슴과 배는 흰색이다. 암컷은 머리와 가슴이 옅은 갈색이며, 등, 날개, 배는 약간 붉은빛을 띤 갈색이다. 몸 길이는 수컷 약 48cm, 암컷 약 58cm.

생태 봄과 가을에 우리 나라를 지나는 나그네새와 겨울새로, 습지나 초원 위를 1~2m 높이로 날며 먹이를 찾는다. 보통 지상이나 풀 위에 앉으나 말뚝이나 바위 위에 앉아 쉬기도 하며, 높은 나무 위에 앉는 일은 없다. 홀로 생활할 때가 많다. 쥐, 조류, 양서류, 뱀 등을 잡아먹는다.

분포 시베리아 동부, 몽골 북부, 아무르, 우수리, 사할린, 홋카이도 등지에 분포한다. 천연 기념물 제323호이다.

3. 개리 (오리과)

학명 · *Anser cygnoides* (Linnaeus)
영명 · Swan Goose

사진/윤무부

형태　암수 동일하며, 눈앞부터 뒷목까지는 암갈색이고 등과 날개는 흑갈색으로, 회색 또는 흰색의 줄무늬가 있다. 앞목과 아랫배는 흰색, 뺨은 노란색, 가슴은 회갈색이다. 몸 길이 약 87cm.

생태　비교적 드문 겨울새로 호소, 논, 초습지, 소택지, 해안, 간척지 등지에서 홀로 또는 암수가 함께 생활하며, 작은 무리를 이루기도 한다. 날아오를 때에는 5~10m를 달린 다음 떠오른다. 수생 식물, 벼, 보리, 밀 등과 조개류 등을 먹는다.

분포　아무르 강 하류, 캄차카 반도 등지에서 번식하며, 한국 등지에서 월동한다. 천연 기념물 제325호이다.

4. 검은머리갈매기 (갈매기과)

학명 · *Larus saundersi* (Swinhoe)
영명 · Saunders's Gull

어린 새   사진/원병오

형태　암수 동일하며, 여름깃의 머리와 윗목은 검고 눈 아래에는 희고 작은 무늬가 있다. 등, 어깨, 허리는 푸른 잿빛이며, 목, 가슴, 배는 흰색이다. 부리는 검은색, 다리는 붉은색이다. 몸 길이 약 35cm.

생태　흔하지 않은 텃새와 겨울새로 인천 송도와 영종도에 50～70쌍이 해마다 번식한다. 한강 하구, 금강 하구, 낙동강 하구, 천수만, 순천만 등지에서 볼 수 있다. 해면에 떠 있을 때가 많고, 때로 암초, 제방, 건축물에 앉기도 하며, 나뭇가지에 앉을 때도 있다. 어류, 곤충류, 거미류, 갑각류를 주로 먹는다.

분포　아시아 동부, 몽골 및 중국 내륙의 담수 호수에서 번식하며, 일본에서 타이완까지의 해안에서 월동한다. 지구상에 3000마리 정도가 생존한다.

5. 검은머리물떼새 (검은머리물떼새과)

학명 · *Haematopus ostralegus* Linnaeus
영명 · Oystercatcher

사진/윤무부

형태　암수가 동일하며, 머리, 가슴, 등은 검은색이고, 배, 어깨, 허리, 날개의 기부 뒤쪽과 꼬리의 기부는 흰색이며, 부리, 눈, 발은 붉은색이다. 몸 길이 약 45cm.

생태　희귀한 텃새와 겨울새로, 번식기에는 무인 도서의 암초가 있는 곳, 하구의 삼각주, 해안의 자갈밭, 갯벌 등지에서 서식하며, 하천의 모래밭이나 하구의 삼각주에서 월동한다. 4~5마리가 무리를 이루나, 겨울에는 군산 앞바다 대부도에 3000여 마리가 모여 월동하는데, 적지 않은 무리가 여름에도 남아서 번식한다. 해산 연체 동물이나 게류, 작은 어류 등을 먹는다.

58

사진/윤무부

분포 캄차카 반도의 동해안, 오호츠크 해 북단, 한국의 서해안 등에서 번식한다. 지구상에 10,000마리 정도가 생존한다. 천연 기념물 제326호이다.

알

6. 검은목두루미 (두루미과)

학명 · *Grus grus lilfordi* Sharpe
영명 · Common Crane

흑두루미(왼쪽)와 검은목두루미(오른쪽)　　사진/원병오

형태　몸은 대부분 회색이며, 머리와 목은 검은색이다. 눈에서 목 양쪽에 흰색 줄이 있으며, 부리는 비교적 짧다. 땅에 앉아 있을 때에는 안쪽 둘째 날개깃이 길게 뻗어 꼬리를 덮고 처진다. 몸 길이 약 114cm.

생태　습지, 호소, 소택지, 개활지, 농경지의 지상에 갈대와 같은 풀, 줄기, 잎, 이끼류 등을 많이 쌓아 올려 큰 둥지를 만든다. 갈색에 암갈색이나 적갈색의 무늬와 반점이 있는 알을 2개 낳는다. 희귀한 겨울새이며, 두루미 무리에 1～2마리가 섞여서 월동한다.

분포　유럽, 시베리아, 투르키스탄, 몽골, 중국 동북 지방의 서북부, 터키, 이란, 한국, 일본 등지에 분포한다. 경기도 대성동과 강원도 철원 평야에서 1～2마리가 관찰되었다. 지구상에 21,500마리 정도가 생존한다.

7. 고니 (오리과)

학명 · *Cygnus columbianus* (Ord)
영명 · Whistling Swan

사진/윤무부

형태　암수 동일하며, 몸은 흰색이다. 부리와 다리는 검은색이며, 부리의 기부는 노란색이다. 몸 길이는 119~147cm로, 큰고니보다 몸집이 작다.

생태　큰고니의 무리 속에 극히 적은 수가 섞여서 월동하는 드문 겨울새로 주로 호소, 소택지, 하천, 해안에서 생활한다. 담수산 수생 식물의 줄기 또는 뿌리, 육지 식물의 열매, 수생 곤충 등을 먹는다.

분포　구소련 북부의 툰드라 지대와 침엽수대 경계에서 번식하며, 북유럽, 중국 연안, 한국, 일본 등지에서 월동한다. 천연 기념물 제201호이다.

8. 긴점박이올빼미 (올빼미과)

학명 · *Strix uralensis* (Pallas)
영명 · Ural Owl

사진/원병오

형태　암수 동일하며, 온몸에 넓은 암갈색 세로줄 무늬가 있다. 머리는 둥글고 귀깃이 없으며 눈은 검은색이다. 꼬리는 길며 회백색을 띠고 가로줄 무늬가 있다. 몸 길이 약 61cm.

생태　우리 나라에서 두 번의 채집 기록밖에 없는 매우 희귀한 종으로 미조로 기록되어 있다. 들쥐, 곤충류, 작은 조류를 즐겨 먹는다.

분포　구북구, 연해주, 사할린, 몽골 동북부, 중국 동부, 우수리, 한국 등지에 분포한다.

9. 까막딱다구리 (딱다구리과)

학명 · *Dryocopus martius* (Linnaeus)
영명 · Black Woodpecker

수컷   암컷   사진/윤무부

형태 수컷은 머리 꼭대기가 붉고 암컷은 뒷머리만 붉다. 몸 전체가
광택이 나는 검은색이며, 부리는 녹색을 띤 노란색으로 끝은 검다.
몸 길이 약 45.5cm.

생태 보기 드문 텃새로, 자연 혼합림의 고목이 무성한 평지에서 고
준 지대에까지 서식한다. 지상에서 4~25m 높이의 나무 줄기에 암수
가 공동으로 8~17일 걸려 구멍을 파 둥지를 만들어 번식한다. 곤충
류나 식물의 열매 등을 주로 먹는다.

분포 유럽과 아시아의 한대와 온대 지역에 분포한다. 천연 기념물
제242호이다.

10. 느시 (느시과)

학명 · *Otis tarda* Linnaeus
영명 · Great Bustard

사진/윤무부

형태 머리와 목은 회색이며, 등은 황갈색 바탕에 검은색 무늬가 있고, 배는 흰색이다. 수컷은 가슴을 가로지르는 밤색 띠가 있다. 몸길이는 수컷 약 102cm, 암컷 약 76cm.

생태 겨울새로, 6·25전쟁 전까지는 우리 나라 전역에 많은 수가 도래했으나 현재는 매우 희귀한 종이다. 풀잎과 줄기, 풀뿌리, 보리나 밀의 푸른 잎을 즐겨 먹는다.

분포 에스파냐에서 동아시아까지 불연속적으로 분포한다. 몽골, 중국 한카 호 주변, 우수리, 한국, 일본 등지에 분포한다. 천연 기념물 제206호이다.

11. 독수리 (수리과)

학명 · *Aegypius monachus* (Linnaeus)
영명 · Black Vulture

사진/윤무부

형태 암수 동일하며, 몸 전체가 검은빛이 도는 짙은 갈색이다. 머리에는 검은색의 피부가 드러나 있고, 목에는 선명하지 않은 회갈색의 줄이 있으며, 부리의 기부와 발은 녹색을 띤 회색이다. 몸 길이 102~112cm.

생태 드문 겨울새로, 보통 홀로 또는 쌍으로 생활하나 5~6마리의 작은 무리를 이루기도 한다. 큰 하천 부근이나 호소 지대, 초습지, 하구 등지에서 생활한다. 죽은 동물, 오리, 물새 등을 먹는다.

분포 구북구 남부의 온대, 지중해, 초원, 황무지 및 고산 한대, 툰드라 지대에 분포한다. 천연 기념물 제243호이다.

12. 뜸부기 (뜸부기과)

학명 · *Gallicrex cinerea* (Gmelin)
영명 · Watercock

사진/윤무부

형태 암수 동일하며, 몸 전체가 검은색이다. 꼬리 밑은 흰색이고, 이마 위의 액판, 부리의 기부 위쪽, 눈은 붉은색이며, 부리는 노란색이다. 겨울에는 황갈색의 몸에 검은 점무늬가 생긴다. 몸 길이 약 33cm.

생태 과거에는 흔한 여름새였으나 최근 개체 수가 급격히 감소되었다. 낮에는 물가나 숲 속의 풀숲, 논과 부근의 덤불 속에 숨어 있고, 아침과 저녁에는 논과 둑에 나타나 활발히 활동한다. 곤충류, 달팽이, 벼, 풀 등을 즐겨 먹는다.

분포 인도, 수마트라 섬, 필리핀, 중국, 한국, 일본 등지에 분포한다.

13. 말똥가리 (수리과)

학명 · *Buteo buteo* (Linnaeus)
영명 · Buzzard

사진/윤무부

형태 암수 동일하며, 머리와 가슴은 황갈색 바탕에 어두운 갈색 무늬가 있다. 턱 밑, 배, 등, 꼬리는 진한 갈색이고, 아랫배는 흰색이며, 꼬리 날개의 안쪽은 황갈색이다. 몸 길이 약 54cm.

생태 흔한 겨울새로 농경지, 도시, 교외의 구릉, 하천, 해안, 산지 등에 서식하며, 여름에는 오지의 숲에서 번식한다. 홀로 또는 암수가 함께 생활하며, 큰 무리를 짓는 일은 드물다. 고목의 가지나 말뚝에 앉아 먹이를 먹는다. 설치류, 조류, 양서류, 파충류, 곤충류 등을 즐겨 먹는다.

분포 구북구 일대의 온대와 한대에 분포한다.

14. 먹황새 (황새과)

학명 · *Ciconia nigra* (Linnaeus)
영명 · Black Stork

사진/윤무부

형태　머리, 목, 윗가슴과 등은 광택이 나는 검은색이고, 배는 흰색이다. 부리, 다리와 눈 주위는 붉은색이다. 몸 길이 약 96cm.

생태　내륙의 평야와 논, 간혹 산악의 아주 작은 골짜기 등지에 서식한다. 둥지는 암벽이 움푹 들어간 곳에 틀며, 매년 같은 둥지를 보수하여 이용하거나 장소를 옮겨 가기도 한다. 흰색 알을 3~5개 낳는다. 희귀하고 국지적인 여름새였지만, 현재는 극소수가 월동하는 희귀한 겨울새이다.

분포　유럽에서 시베리아 남부를 거쳐 이란, 아무르, 우수리, 바이칼 지역, 중국 동북 지방 북부, 한국, 일본, 아프리카, 인도 등지에 분포한다. 지구상에 42,500마리 정도가 생존하며, 아시아에 500마리 정도가 월동한다. 천연 기념물 제200호이다.

15. 물수리 (수리과)

학명 · *Pandion haliaetus* (Linnaeus)
영명 · Osprey

사진/윤무부

형태 암수 동일하며, 머리 꼭대기, 목, 배는 흰색이고, 눈 가장자리, 뒷머리, 등은 검은빛이 도는 갈색이다. 가슴과 꼬리의 무늬는 어두운 갈색으로 등에 비해 옅은 색이다. 몸 길이는 수컷 약 54cm, 암컷 약 64cm.

생태 주로 남해와 제주도에 날아오는 겨울새로, 이동 시기에 해안이나 하구, 큰 저수지에서 볼 수 있다. 주로 홀로 생활하며, 암벽이나 교목 가지 위에 앉고, 때로 모래밭이나 나무 위에서 먹이를 먹거나 쉰다. 주로 담수 어류와 해수 어류를 먹는다.

분포 유라시아, 아프리카 북부 등지에 분포하며, 인도, 미얀마, 필리핀, 한국에서 월동한다.

16. 벌매 (수리과)

학명 · *Pernis ptilorhynchus* (Temminck)
영명 · Siberian Honey Buzzard

사진/원병오

형태   암수가 아주 비슷하나 수컷은 꼬리에 3줄의 검은 띠가 있고 암컷은 4줄의 띠가 있다. 등은 짙은 갈색이며 배는 옅은 갈색으로 진한 줄무늬가 있다. 목은 흰색을 띠며 갈색의 세로줄 무늬가 있다. 몸 길이 48~61cm.

생태   매우 희귀한 나그네새이나 경기도 광릉에서의 번식 기록이 있으며, 이동 시기에는 시야가 좋은 산림 지역과 섬에서 관찰된다. 설치류, 조류, 양서류, 파충류 등을 즐겨 먹는다.

분포   중국 동북 지방, 연해주 등지에서 번식하며, 인도에서 자바에 이르는 지역에서 월동한다.

사진/원병오

17. 붉은가슴흰죽지 (오리과)

학명 · *Aythya baeri* (Radde)
영명 · Bear's Pochard

사진/원병오

형태 수컷의 머리와 윗목은 검은 갈색이며, 녹색 광택이 난다. 아랫목과 윗가슴은 밤색이다. 등, 어깨, 위꼬리덮깃은 검은 갈색이고, 아랫가슴, 배, 아랫꼬리덮깃은 흰색이다. 암컷의 머리는 붉은 갈색을 띠며, 아랫목과 윗가슴은 수컷보다 색이 엷다. 부리는 푸른 회색이고 다리는 잿빛이다. 몸 길이 약 46cm.

생태 호소, 못, 하천, 하구 등지에 서식하며, 호수나 하안 등지의 초지나 갈대밭에 둥지를 만들고, 엷은 갈색 알을 6~9개 낳는다. 희귀한 나그네새이며 겨울새이다.

분포 우수리, 아무르, 캄차카 반도에서 번식하며, 중국 동남부, 드물게 아샘, 미얀마, 한국, 일본 등지에서 월동한다. 우리 나라에서는 한강, 낙동강, 경상남도 주남 저수지, 전라남도 해남 등지에서 월동한 기록이 있다. 지구상에 10,000~25,000마리가 생존한다.

18. 붉은해오라기 (백로과)

학명 · *Gorsachius goisagi* (Temminck)
영명 · Japanese Night Heron

사진/요시다(吉田和人)

형태 눈 앞과 눈 가장자리의 나출된 피부는 노란색을 띤 녹색이다. 머리와 어깨 사이는 진한 적갈색이고 등의 나머지 부분은 갈색이다. 배는 갈색이고, 가슴에서 배까지 중앙에 굵은 암갈색 줄무늬가 있다. 멱은 흰색을 띠나 어두운 줄무늬가 중앙에 있다. 날 때에는 날개 앞부분의 크림색 반점과 밤색 날개를 가로지르는 넓은 검은색 띠가 독특하다. 몸 길이 약 49cm.

생태 항상 물이 있는 혼효림에 서식하며, 침엽수와 활엽수의 높이 7~20m 나뭇가지에 둥지를 튼다. 흰색 알을 3~5개 낳는다. 미조이다.

분포 일본에서 번식하고, 중국 남부, 류큐, 타이완, 필리핀에서 월동한다. 최근 우리 나라에서는 제주도와 부산 등 남해안에서 13회의 관찰 기록과 제주도에서 5회의 채집 기록이 있다. 영남과 호남 지역에서의 관찰 기록이 많으나 번식한 예는 없으므로, 일부 지역을 지나가는 나그네새로 보인다. 지구상에 1000마리 정도가 생존한다.

19. 비둘기조롱이 (매과)

학명 · *Falco vespertinus* Linnaeus
영명 · Red-footed Falcon

사진/원병오

형태 몸 전체가 대부분 암청색을 띠나 수컷의 날개 안쪽은 흰색이며 아랫배와 꼬리 끝은 주황색이다. 암컷의 머리 꼭대기는 갈색이며, 날개 안쪽에 암갈색 줄무늬가 있다. 몸 길이 약 31cm.

생태 평야, 산림지, 농경지를 즐겨 찾는 매우 희귀한 나그네새이다. 설치류, 조류, 양서류, 파충류 등을 즐겨 먹는다.

분포 러시아 연해주, 중국, 아프리카, 인도 등지에서 월동한다.

20. 뿔쇠오리 (바다오리과)

학명 · *Synthliboramphus wumizusume* (Temminck)
영명 · Japanese Murrelet

사진/윤무부

형태 암수가 동일하며, 여름깃은 이마와 앞머리가 검은색이고 등, 어깨, 허리, 꼬리깃은 짙은 회색이다. 검은색 댕기가 있으며, 머리 꼭대기와 목은 흰색이다. 몸 길이 약 20cm.
생태 남해안 무인도에서 집단으로 번식하는 보기 드문 텃새이다. 작은 물고기나 갑각류, 패류 등을 먹는다.
분포 태평양 동북부, 한국, 일본 등지에 분포한다.

21. 뿔종다리 (종다리과)

학명 · *Galerida cristata* (Linnaeus)
영명 · Crested Lark

사진/윤무부

형태　암수 동일하며, 등은 갈색 바탕에 짙은 갈색의 얼룩 무늬가 있고, 배는 옅은 갈색 바탕에 등과 같은 무늬가 있다. 머리 위의 뾰족한 댕기가 있으며, 꼬리깃은 황갈색을 띤다. 몸 길이 약 17cm.

생태　우리 나라 전역에 분포하지만 드문 텃새이다. 잡초의 씨, 화본과의 농작물, 딱정벌레류, 벌류, 나비류의 유충을 주로 먹는다.

분포　유럽과 아시아에 걸쳐 번식한다.

암컷

22. 삼광조 (딱새과)

학명 · *Terpsiphone atrocaudata* (Eyton)
영명 · Black Paradise Flycatcher

사진/윤무부

형태 머리와 목은 짙은 파란색이며, 눈 주위에는 하늘색의 둥근 띠가 있다. 등과 날개는 밤색이고 배는 흰색이다. 수컷은 꼬리 길이가 약 27cm, 암컷은 약 8.5cm이다. 꼬리를 제외한 몸 길이는 암수 모두 약 8cm이다.

생태 우리 나라 전역에 번식하지만 매우 드문 여름새이다. 깊은 산 속 나무에 나무껍질로 컵 모양의 둥지를 지어 3~5개의 알을 낳는다. 딱정벌레류, 갑각류, 지렁이 등을 즐겨 먹는다.

분포 일본, 아시아 동부에서 번식하며, 동남 아시아 등지에서 월동한다.

23. 새홀리기 (매과)

학명 · *Falco subbuteo* Linnaeus
영명 · Hobby

암컷　　사진/윤무부

형태　등은 짙은 회색이며, 배는 흰색 바탕에 검은색의 세로줄 무늬가 있다. 아랫배와 꼬리깃은 밤색, 부리는 짙은 회색, 다리는 노란색이다. 몸 길이 31~35cm.

생태　서울, 경기도와 강원도 지역에서 번식하는 드문 텃새이나, 대부분 우리 나라를 통과하는 나그네새이다. 번식은 나무 위에 있는 다른 새의 둥지나 건축물을 이용한다. 설치류, 뱀, 양서류, 작은 조류를 잡아먹는다.

알

분포　유럽, 아프리카 북부, 아무르, 우수리, 쿠릴 열도, 캄차카 반도, 몽골, 중국, 한국, 일본 등지에 분포한다.

수컷

부화한 지 2일 된 새끼

부화한 지 8일 된 새끼

24. 솔개 (수리과)

학명·*Milvus lineatus* (J. E. Gray)
영명·Black-eared Kite

사진/원병오

형태 등은 어두운 갈색이며 배는 약간 옅은 갈색이다. 날개의 안쪽에는 연한 색의 반점이 있고, 날 때의 제비꼬리 모양의 꼬리깃이 특징이다. 목과 가슴은 적갈색, 배와 꼬리깃은 황갈색, 다리는 약간 노란색을 띤 회색이다. 몸 길이 48∼56cm.

생태 남한에서 드문 겨울새이지만 최근 거제도 해안 무인도에서 번식한 일례가 있다. 바닷가, 강 하구, 물가나 야산이 있는 시골 마을 등지에서 볼 수 있다. 쥐, 조류, 양서류, 파충류 등을 잡아먹는다.

분포 러시아 연해주, 아무르 지방, 파키스탄, 히말라야, 몽골, 중국, 한국, 일본 등지에 분포한다.

사진/원병오

25. 쇠황조롱이 (매과)

학명 · *Falco columbarius* Linnaeus
영명 · Merlin

사진/원병오

형태 수컷은 등이 암회색이고 꼬리 끝에는 넓은 검은색 띠가 있다.
배는 적갈색이며, 연한 갈색의 줄무늬가 있다. 암컷은 수컷보다 몸
집이 약간 크고 등이 갈색이며, 미색의 꼬리에는 갈색 띠가 있다.
몸 길이 28~33cm.

생태 우리 나라 전역에 도래하지만 드문 겨울새이다. 쥐, 조류, 양
서류, 파충류 등을 잡아먹는다.

분포 유럽, 캐나다, 이집트, 이란, 인도, 러시아, 중국, 한국, 일본 등
지에 분포한다.

26. 수리부엉이 (올빼미과)

학명 · *Bubo bubo* (Linnaeus)
영명 · Eagle Owl

사진/윤무부

형태 암수가 동일하다. 몸 전체가 황갈색을 띠며, 가슴, 등, 날개에는 검은 세로 점무늬가 있고, 그 밖의 부분에는 암갈색의 무늬가 있다. 머리에는 검은색의 큰 귀깃이 2개 있다. 몸 길이 약 66cm.

생태 비교적 드문 텃새로, 흔히 중부 이북 지방의 깊은 산의 암벽, 바위산, 강의 절벽에서 생활하며, 주로 야간에 활동한다. 암벽의 선반처럼 생긴 곳이나 바위굴 속, 바위 사이에서 번식한다. 꿩, 산토끼, 집쥐, 개구리, 뱀, 도마뱀, 곤충류 등을 주로 먹는다.

분포 한국과 중국 동부 등에 분포한다. 천연 기념물 제324호이다.

부화한 지 8일 된 새끼

부화한 지 16일 된 새끼　사진/윤무부

사진/윤무부

27. 시베리아흰두루미 (두루미과)

학명·*Grus leucogeranus* Pallas
영명·Siberian White Crane

어두운 붉은색을 띤 눈 주변   사진/원병오

어린 새   사진/원병오

형태 큰 두루미의 일종으로 부리는 길고 굵다. 이마에서 앞머리, 눈 주변은 피부가 드러나 어두운 붉은색이다. 몸의 깃은 흰색이나 첫째 날개깃과 첫째날개덮깃은 검은색, 첫째날개덮깃의 끝은 흰색이다. 또, 둘째날개깃과 셋째날개깃은 흰색이며, 늘어져 꼬리깃을 덮는다. 지상에 앉아 있을 때에는 첫째날개깃의 검은색 깃이 보이지 않는다. 부리는 어두운 붉은색, 다리와 발은 연한 붉은색이다. 어린 새는 머리, 목, 등, 날개덮깃, 셋째날개깃이 황갈색이어서 몸 전체가 흰색과 황갈색으로 얼룩진다. 몸 길이 약 135cm.

생태 툰드라와 산림 툰드라 지대, 이동할 때에는 큰 호숫가에 머문다. 호숫가 습지의 이끼가 많은 곳에 암수가 함께 생활한다. 호숫가와 언덕이나 물 가운데 작은 섬을 이용하여 평평한 둥지를 만든다. 희귀한 멸종 위기의 미조이다.

분포 오브 강 저지의 야나 강과 알라제아 강 사이에 위치한 야쿠티아의 격리된 두 무리가 지구에 생존하는 집단의 전부이며, 인도, 이란, 중국 동남부에서 월동한다. 우리 나라에서는 1992년 11월 2일에 경기도 파주군 탄현면 대동리에서 재두루미 무리에 섞여 노니는 한 개체를 관찰한 예가 있다. 이후에도 지속적으로 한 개체씩 한강 하구에서 관찰되었고, 1999년 12월 8일에 강원도 철원에서도 어린 새 한 개체가 관찰되었다. 지구상에 2900~3000마리가 생존한다.

28. 알락개구리매 (수리과)

학명·*Circus melanoleucus* (Pennant)
영명·Pied Harrier

사진/윤무부

형태　수컷은 머리, 등, 날개가 검은 색이고, 날개의 앞쪽과 배는 흰색이며, 날개의 뒤쪽과 꼬리는 회색이다. 암컷은 날개의 끝과 꼬리가 진한 회색이다. 몸 길이 약 45cm.

생태　휴전선 비무장 지대에서 드물게 번식하는 텃새이고 겨울새로, 하천, 산림 부근의 초지에서 서식한다.

작은 조류나 개구리, 물고기 등을 잡아먹는다.

분포　구북구 동부의 한대, 아무르, 중국 동북 지방 등지에서 번식하며, 중국, 필리핀, 보르네오 섬, 인도 등지에서 월동한다. 천연 기념물 제323호이다.

29. 알락꼬리마도요 (도요과)

학명 · *Numenius madagascariensis* (Linnaeus)
영명 · Australian Curlew

사진/윤무부

형태 암수 동일하며, 몸 전체가 황갈색으로 암갈색과 검은색의 줄
무늬가 많다. 다리는 푸르스름한 회색이고, 턱 밑은 희며, 갈색의 부
리는 아래로 구부러져 있다. 몸 길이 약 61.5cm.

생태 나그네새로, 남부 지방에서 월동한다. 갯벌, 간척지, 하구의 삼
각주, 농경지 등에서 서식한다. 마도요와 섞여 수백 마리의 큰 무리
를 형성하기도 한다. 패류, 새우류, 곤충류, 수생 동물, 무척추 동물,
작은 어류 등을 먹으며, 번식 시기에는 식물성 먹이를 먹기도 한다.

분포 구북구 동부 한대 및 온대, 오호츠크 해 연안, 우수리, 필리핀,
오스트레일리아, 중국, 한국, 일본, 타이완 등지에 분포한다. 지구상
에 21,000마리 정도가 생존한다.

30. 올빼미 (올빼미과)

학명 · *Strix aluco* Linnaeus
영명 · Korean Wood Owl

사진/윤무부

형태 암수 동일하다. 머리와 등은 회갈색으로 흰 점무늬가 많고, 가슴과 배는 잿빛을 띠는 흰색으로 갈색의 세로 점무늬가 있으며, 얼굴도 회갈색이다. 구부러진 부리는 녹색을 띤 노란색이고 발은 살색이다. 몸 길이 약 35cm.

생태 주로 우리 나라 평지의 침엽수림이나 활엽수림에서 생활하는 흔하지 않은 텃새이다. 낮에는 나뭇가지에서 휴식을 하고 밤에 활동한다. 경기도 광릉의 숲에서 매년 번식하는 것을 볼 수 있다. 들쥐, 곤충류, 작은 조류 등을 즐겨 먹는다.

분포 중국 동북 지방 남부, 한국 등지에 분포한다. 천연 기념물 제324호이다.

31. 재두루미 (두루미과)

학명 · *Grus vipio* Pallas
영명 · White-naped Crane

사진/윤무부

형태 암수 동일하며, 눈 둘레는 빨갛고 그 주위는 검으며 뒷머리, 턱 밑, 뒷목은 희다. 앞목, 가슴, 등, 배는 짙은 회색이고, 날개의 앞쪽은 옅은 회색이다. 어린 새의 뒷머리는 붉은빛을 띤 갈색이다. 몸길이 약 127cm.

생태 희귀한 겨울새로 하구, 개펄, 소택지 이외에도 경지와 유휴지의 마른 땅에서 생활한다. 겨울에는 암수와 어린 새 2마리 정도의 가족 무리가 모여 50~300마리의 큰 무리를 형성한다. 어류, 갑각류, 벼, 식물의 뿌리 등을 즐겨 먹는다.

분포 트란스바이칼리아 동부 초원의 오논 강과 아르군 강에서부터 중국 동북 지방 남부, 우수리, 한카 호에 걸쳐 분포한다. 지구상에 1900~2300마리가 생존한다. 천연 기념물 제203호이다.

사진/윤무부

32. 잿빛개구리매 (수리과)

학명 · *Circus cyaneus* (Linnaeus)
영명 · Hen Harrier

사진/윤무부

형태 수컷은 머리, 가슴, 등, 꼬리가 잿빛이고 배는 흰색이다. 암컷은 몸 전체가 갈색으로 진한 갈색 무늬가 있다. 암수 모두 날개의 끝은 검은색이고 허리는 흰색이다. 몸 길이는 수컷 약 43cm, 암컷 약 53cm.

생태 흔한 겨울새로 홀로 생활할 때가 많다. 꼬리를 벌리고 날개를 펄럭이며 긴 다리를 뻗고 한 곳에 정지한 채 먹이를 찾는데, 주로 설치류와 조류를 먹는다. 평지, 개활지, 초습지, 야산, 구릉, 농경지 등지에서 생활한다.

분포 아메리카를 제외한 온대에서 한대에 이르는 전북구에 분포하며, 이란, 인도, 미얀마, 중국, 한국, 일본 등지에서 월동한다. 천연기념물 제323호이다.

93

적호갈매기 무리　　사진/원병오

33. 적호갈매기 (갈매기과)
학명 · *Larus relictus* Lonnberg
영명 · Relict Gull

어린 새   사진/원병오

형태 암수 동일하며, 머리와 날개 끝은 갈색을 띤 검은색으로 반달 모양의 흰 무늬가 있다. 얼굴의 흰 반점은 눈 둘레에서 눈 뒤까지 퍼져 있다. 부리와 다리는 짙은 붉은색, 날개는 회색, 날개의 앞쪽, 몸통, 꼬리는 흰색이다. 몸 길이 39~40cm.

생태 낙동강 하구에 해마다 찾아오는 희귀한 겨울새이다. 어류, 곤충류, 거미류, 갑각류, 어류의 찌꺼기, 음식물 찌꺼기 등을 주로 먹는다.

분포 트란스바이칼리아의 바룬토레이 호수와 카자흐스탄 동남부의 알라쿨 호수에서 번식하며, 중국과 한국에서 월동한다. 지구상에 12,000마리 정도가 생존한다.

34. 조롱이 (수리과)

학명 · *Accipiter gularis* (Temminck & Schlegel)
영명 · Japanese Sparrow Hawk

사진/원병오

형태 수컷의 등은 어두운 갈색이고 배는 옅은 갈색 바탕에 흰색 줄무늬가 있다. 암컷은 수컷보다 몸집이 크고 배가 흰색이며 적갈색의 줄무늬가 있다. 부리는 회색이나 끝은 검은색이고, 다리는 황갈색이다. 몸 길이 25~31cm.

생태 흔하지 않은 텃새로, 번식기에는 우거진 숲 속의 나무 위에 나뭇가지로 접시 모양의 둥지를 틀어 2개의 알을 낳는다. 들쥐, 두더쥐, 파충류, 작은 조류를 주로 먹는다.

분포 러시아 연해주, 사할린, 몽골, 중국, 한국, 일본, 필리핀, 말레이시아 등지에 분포한다.

35. 참매 (수리과)

학명 · *Accipiter gentilis* (Linnaeus)
영명 · Goshawk

사진/윤무부

형태 암수 동일하며, 머리, 뺨, 등은 짙은 회색이다. 턱 밑은 흰색이고 가슴, 배는 회색에 검은색의 가로줄 무늬가 있다. 눈에 흰색의 눈썹선이 있는 것이 특징이다. 몸 길이 48~61cm.

생태 흔하지 않은 겨울새로, 시야가 좋은 산림이나 야산 근처의 평야에서도 관찰되며, 홀로 생활할 때가 많다. 먹이를 발견하면 고공에서 날개를 오므리고 아주 빠른 속도로 급강하하여 발톱으로 먹이를 챈다. 주로 작은 새나 병아리 등을 잡아먹는다.

분포 유럽, 북아메리카, 시베리아, 아무르, 우수리, 몽골, 중국 동북지방, 한국, 일본 등지에 분포한다. 천연 기념물 제323호이다.

36. 큰고니 (오리과)

학명 · *Cygnus cygnus* (Linnaeus)
영명 · Whooper Swan

사진/윤무부

형태 암수 동일하며, 몸 전체가 흰색이다. 부리와 다리는 검은색이며, 부리와 눈 사이는 노란색이다. 어린 새의 몸은 검은빛을 띤 회색이다. 몸 길이 약 152cm.

생태 겨울새로, 저수지, 물 괸 논, 호소, 소택지, 하구, 해안을 따라 남하하여 월동한다. 큰 무리를 지어 생활하며, 해만 근안의 얕은 수면에서 생활한다. 수생 식물의 줄기 또는 뿌리, 육지 식물의 열매, 수생 곤충 등을 먹는다.

분포 북유럽, 구소련, 중국 동북 지방 서북부, 아무르, 우수리, 사할린 등지에서 번식하며, 지중해, 흑해, 한국, 일본 등지에서 월동한다. 천연 기념물 제201호이다.

37. 큰기러기 (오리과)

학명 · *Anser fabalis* (Latham)
영명 · Bean Goose

사진/윤무부

형태   암수 동일하며, 머리와 등은 어두운 갈색이고 배는 갈색과 검은색 무늬가 있는 흰색이다. 다리는 살색이며, 검은색의 부리 중앙에는 노란색 띠가 선명하다. 몸 길이 약 85cm.

생태   우리 나라에 찾아오는 기러기류 중 쇠기러기 다음으로 흔한 겨울새로, 산악 지대를 제외한 전역에서 월동한다. 해만, 간척지, 논밭, 소택지, 호소, 하천 부지 등 광활한 개활지에서 큰 무리를 지어 먹이를 찾는다. 밀과 보리의 푸른 잎과 낟알, 옥수수, 감자, 고구마 등을 먹는다.

분포   구북구 북부와 북극에서부터 몽골 북부에 걸쳐 분포하며, 남쪽 온대에서 월동한다.

38. 큰덤불해오라기 (백로과)

학명 · *Ixobrychus eurhythmus* (Swinhoe)
영명 · Schrenck's Little Bittern

사진/윤무부

형태 수컷의 등은 붉은색을 띤 진한 갈색이고, 배는 엷은 노란색으로 갈색의 세로줄 무늬가 목의 중앙에서 내려오며, 날개에는 연한 회색 무늬가 있다. 암컷은 날개에 무늬가 없으며, 등에는 흰색 반점이 있고, 배에는 검은색 무늬가 많다. 몸 길이 31~33cm.

생태 흔하지 않은 여름새이며, 한정된 초습지에서만 번식한다. 홀로 또는 암수가 함께 갈대밭, 초습지, 물가의 풀숲이나 논에 숨어 살며, 해가 질 무렵부터 밤까지 먹이를 찾는다. 어류, 개구리, 갑각류를 즐겨 먹는다.

분포 사할린, 중국 동북 지방, 한국, 일본, 타이완 등지에 분포하며, 인도, 스리랑카, 말레이시아, 필리핀 등지에서 월동한다.

39. 큰말똥가리 (수리과)

학명 · *Buteo hemilasius* Temminck & Schlegel
영명 · Upland Buzzard

사진/윤무부

형태 암수 동일하며, 머리와 가슴은 황갈색 바탕에 어두운 갈색 무늬가 있다. 턱 밑, 배, 등, 꼬리는 진한 갈색이고, 아랫배는 흰색이며, 배 전체에 작은 반점이 있다. 꼬리에는 길고 뚜렷한 줄무늬가 있으며, 날개 안쪽은 황갈색이다. 몸 길이 61~66cm.

생태 중부 이남에서 드물지 않던 겨울새였으나 근래에는 매우 희귀해졌다. 농경지, 교외의 구릉, 하천, 해안, 산지에서 서식한다. 홀로 또는 암수가 함께 생활하며, 큰 무리는 짓지 않는다. 설치류, 조류, 양서류, 파충류를 즐겨 먹는다.

분포 구북구 중부 온대 지역 외몽골, 중국, 티베트에서 히말라야까지 분포한다.

102

40. 털발말똥가리 (수리과)

학명 · *Buteo lagopus* (Pontoppidan)
영명 · Rough-legged Buzzard

사진/원병오

형태 암수 동일하며, 머리와 가슴은 황갈색 바탕에 어두운 갈색 무늬가 있다. 턱 밑, 배, 등, 꼬리는 진한 갈색이고, 아랫배는 흰색이며, 배 전체에 작은 반점이 있다. 꼬리는 흰색이며, 꼬리 끝의 넓은 검은색 띠가 뚜렷하다. 몸 길이 51∼61cm.

생태 우리 나라 전역에서 월동하는 보기 드문 겨울새이다. 농경지, 교외의 구릉, 하천, 해안, 산지에서 서식한다. 홀로 또는 암수가 함께 생활하며, 큰 무리를 짓지 않는다. 설치류, 조류, 양서류, 파충류를 즐겨 먹는다.

분포 유라시아 대륙과 북아메리카의 북극권에서 번식하고, 중국, 한국 등지에서 월동한다.

41. 팔색조 (팔색조과)

학명 · *Pitta nympha* Temminck & Schlegel
영명 · Fairy Pitta

사진/윤무부

형태 암수 동일하다. 머리 꼭대기와 아랫배는 붉은색, 눈썹선, 가슴, 옆구리는 노란색, 등꼬리는 녹색, 어깨와 꼬리는 푸른색을 띤다. 날개, 꼬리 끝, 눈 옆은 검은색이며, 날개 끝에는 흰 점이 있다. 몸 길이 약 18cm.

생태 희귀한 여름새이며, 주로 해안의 상록수림이나 산림이 울창한 곳에서 홀로 생활한다. 경계심이 강하여 좀처럼 모습을 드러내지 않는다. 해안과 섬 또는 내륙 경사지의 잡목림이나 활엽수림의 밀림에서 번식한다. 딱정벌레류, 갑각류, 지렁이 등을 즐겨 먹는다.

분포 중국 동부, 한국, 일본, 타이완 등지에서 번식한다. 천연 기념물 제204호이다.

42. 항라머리검독수리 (수리과)

학명 · *Aquila clanga* Pallas
영명 · Greater Spotted Eagle

사진/원병오

형태 암수 동일하며, 둘째날개깃, 꼬리, 허리만 흰색이고 몸 전체가 암갈색이다. 어린 새는 등과 날개에 흰색의 반점이 있다. 몸 길이 64～71cm.

생태 경기도와 낙동강에서의 관찰 기록이 있는, 매우 보기 드문 미조이며 겨울새이다. 산림 속 초원의 높은 나무에 나뭇가지로 둥지를 만들어 1～2개의 알을 낳는다. 홀로 또는 암수가 함께 생활한다. 작은 포유류나 중형 조류를 주로 먹는다.

분포 시베리아, 아무르, 우수리, 인도, 몽골, 한국, 일본 등지에 분포한다.

43. 호사비오리 (오리과)

학명 · *Mergus squamatus* Gould
영명 · (Scaly-sided) Merganser

사진/원병오

형태　수컷은 머리가 광택이 나는 청록색이고 어깨와 등은 검은색이다. 허리와 옆구리에 검은색의 반달 무늬가 있고, 가슴과 배는 흰색이다. 암컷의 머리는 붉은 갈색이고, 몸 전체는 짙은 회색이다. 몸 길이 약 61cm.

생태　서울, 강원도 철원, 임진강과 한탄강 등지에서 매우 드물게 관찰되는 희귀한 겨울새이다. 깊이 잠수하여 먹이를 찾으며, 어류, 게류, 새우 등을 즐겨 먹는다.

분포　러시아 연해주와 중국 동북 지방에서 번식하며, 중국 동부와 중부에서 월동한다. 한국과 일본에서는 드물게 월동한다.

44. 흑기러기 (오리과)

학명 · *Branta bernicla* (Linnaeus)
영명 · Brant

사진/윤무부

형태 암수 동일하며, 머리, 가슴, 등은 검은색이다. 배와 턱 밑은 흰색으로 검은색의 가로줄 무늬가 있다. 다리는 검은색이다. 몸 길이 약 61cm.

생태 남해 연안과 도서에 규칙적으로 날아오는 드문 겨울새이다. 홀로 또는 작은 무리를 지어 생활하며, 만조시나 밤에는 해상에서 쉬고 낮의 간조시에는 해안가에서 먹이를 찾는다. 해조류나 패류 등을 먹는다.

분포 시베리아 동부 북극 지방에서부터 캐나다 서부 툰드라 지대에 걸쳐 분포하며, 중국, 한국, 일본 등지에서 월동한다. 천연 기념물 제325호이다.

45. 흑두루미 (두루미과)

학명 · *Grus monacha* Temminck
영명 · Hooded Crane

사진/윤무부

형태 암수 동일하며, 아랫이마는 검고 윗이마는 붉다. 가슴, 배, 등은 잿빛을 띤 검은색이며, 목과 머리는 흰색이고 다리는 검은색이다. 어린 새의 머리는 갈색을 띤다. 몸 길이 약 96.5cm.

생태 경기도, 강원도, 경상북도에 날아오는 희귀한 겨울새이며, 주로 논밭이나 얕은 하천에서 무리를 지어 생활한다. 어류, 갑각류, 복족류, 곤충류, 벼, 보리, 식물의 뿌리 등을 즐겨 먹는다.

분포 중국 동북 지방과의 국경에 인접한 아무르 강 유역에서 작은 무리가 번식한다. 지구상에 9300마리 정도가 생존한다. 천연 기념물 제228호이다.

사진/윤무부

46. 흰목물떼새 (물떼새과)

학명 · *Charadrius placidus* J. E. & G. R. Gray
영명 · Long-billed Ringed Plover

사진/윤무부

형태　암수 동일하며, 머리 꼭대기, 등, 꼬리, 날개는 회갈색, 이마, 턱 밑, 목, 가슴, 배는 흰색, 날개 끝은 검다. 이마의 위와 눈 앞에서 뒷머리로 이어진 선과 가슴의 띠는 검은데, 가슴의 띠는 가운데가 가늘다. 몸 길이 약 20.5cm.

생태　나그네새로, 일부는 중부 이남에서 월동하나, 적은 수가 청평 현리 부근 하천가에서 1996년 5월 이래 해마다 2쌍이 번식해 왔다 (정옥식). 하천이나 호소의 모래밭, 논, 하구의 삼각주, 해안의 모래 밭 등에서 생활한다. 적게는 3~5마리, 많게는 15~20마리까지 무리 를 이룬다. 주로 곤충류를 먹는다.

분포　구북구의 동부 온대 지역에 분포한다.

47. 흰이마기러기 (오리과)

학명 · *Anser erythropus* (Linnaeus)
영명 · Lesser White-fronted Goose

사진/원병오

형태 쇠기러기와 비슷하나 훨씬 작다. 이마의 흰색 부분은 머리 꼭대기에 이른다. 부리는 선명한 분홍색이며, 가까운 거리에서 볼 수 있는 노란색의 눈 둘레는 특징적이다. 다리는 오렌지빛이 도는 노란색이며 미조이다. 몸 길이 53~66cm.

생태 쇠기러기와 비슷한 소리로 운다. 농경지, 초습지, 호소, 간척지, 해안 등지에 서식하며, 툰드라 지역에서 번식한다. 노란색을 띤 흰색 알을 3~8개 낳으며, 포란은 수컷이 전담한다.

분포 북극 북부의 고지대, 사할린, 쿠릴 열도, 한국, 일본, 타이완에서도 기록되었다. 오래 전에 우리 나라에서는 경기도에 기록이 있었으나 1992년 1~2월에 경상남도 주남 저수지에 4개체가 월동하였고, 이 밖에 경기도, 강원도, 충청남도, 전라남도 등에서도 관찰 기록이 있다. 지구상에 15,000~35,000마리가 생존하며, 동부 아시아에 6000마리 정도가 생존한다.

48. 흰죽지수리 (수리과)

학명 · *Aquila heliaca* Savigny
영명 · Imperial Eagle

사진/원병오

형태 암수 동일하며, 머리와 뒷목은 황갈색, 날개와 꼬리 끝은 짙은
갈색, 그 밖의 부분은 어두운 갈색이다. 어린 새의 몸은 주로 황갈
색이고, 날개에도 황갈색 무늬가 여러 개 있다. 몸 길이 71~84cm.
생태 희귀한 겨울새로, 활발하지 못해서 나무나 바위 위에서 오랫
동안 움직이지 않고 휴식할 때가 많다. 독수리보다는 말똥가리에
가깝다. 주로 단독 생활을 하며, 독수리처럼 적은 수의 무리를 이루
기도 한다. 곤충류, 조류, 작은 포유류, 동물의 썩은 고기 등을 먹는다.
분포 구북구 중부 및 서부의 온대 일대에 분포하며, 이란, 인도 북
부, 인도네시아 북부, 중국, 한국 등지에서 월동한다.

양서·파충류

글·사진 / 백남극·심재한

남생이

1. 구렁이 (유린목/뱀과)

Elaphe schrenckii Strauch

사진/백남극

형태 몸 길이 140~180cm. 몸의 색깔은 변이가 심하여 황구렁이, 먹구렁이, 백지리, 진대 등의 지방 방언이 있다. 일반적으로 등 쪽은 올리브색을 띤 황갈색으로, 흑갈색의 가로무늬가 꼬리 쪽으로 갈수록 뚜렷해진다. 이 무늬는 2~4개의 비늘에 걸쳐 비스듬히 이루어져 있다. 눈에서 주둥이 끝에 큰 흑갈색의 띠무늬가 있다. 배는 연한 황백색으로 점무늬가 흩어져 있다. 몸통비늘 수는 23매, 배비늘 수는 215~232매, 꼬리비늘 수는 52~78쌍이다.

생태 초가집, 밭 주변의 돌담에 서식하며, 집쥐를 주로 잡아먹고 새나 알도 먹는다.

실태 한국, 중국 북부, 러시아 등지에 분포한다. 1950년대에는 돌담 위에서 일광욕을 하는 구렁이를 보고도 잡지 않고 보호하였는데, 근래에는 시골의 돌담과 퇴비장이 없어져 서식 장소와 산란 장소를 잃었으며, 약용으로 남획되어 개체 수가 급격히 감소하고 있다.

114

1. 금개구리 (무미목/개구리과)
Rana plancyi chosenica Okada

사진/심재한

형태 몸 길이 약 60cm. 몸의 등쪽은 밝은 녹색을 띠며, 고막과 등 옆선에 있는 융기선은 연한 금색을 띤다. 등 옆선을 이루는 융기는 뚜렷하며, 눈의 뒤쪽에서 시작되어 고막의 등 가장자리를 지나 몸통 양 옆을 통과하여 뒷다리 기부까지 이른다. 위턱과 아래턱이 서로 갈라진 부위에 약간 배 쪽으로 구부러진 피부 융기가 있다.

올챙이

생태 저지대 초원의 습지나 웅덩이에서 생활하고, 산란은 주로 논이나 수생 식물이 있는 얕은 연못에서 한다. 산란 시기는 5~6월로, 물이 괴어 있는 곳에서 참개구리와 함께 생활하나 잡종이 생기지 않은 독립된 종이다.

실태 서식처의 매립, 농약, 수질 오염 등으로 개체 수가 급격히 감소하고 있다.

2. 남생이 (거북목/남생이과)
Chinemys reevesii (Gray)

사진/백남극

형태　배갑(背甲)의 길이는 12~25cm로 진한 갈색이며, 연갑판에 접해 있다. 갑은 비늘판으로 덮여 있으며, 정갑판 1장, 추갑판 5장, 늑갑판 4쌍, 연갑판 11쌍, 둔갑판 1쌍으로 되어 있다. 각 갑판의 가장자리는 노란색의 가는 띠를 이루며, 중앙선상의 융기선은 검은색이다. 복갑(腹甲)은 배갑과 비슷한 길이로 앞 끝이

암컷

둥글게 패어 있다. 다리는 너비가 넓은 비늘조각으로 덮여 있고, 물갈퀴가 잘 발달되어 있다. 꼬리는 앞 끝 부위가 약간 세로로 길다.

생태　산란 시기는 6~8월이며, 물가의 모래에 구멍을 파고 4~6개의 알을 낳는다. 하천이나 호수 등지에서 주로 물고기, 갑각류, 수서곤충을 먹고 살지만, 사육할 때에는 식물성도 잘 먹는 잡식성이다.

실태　한국, 일본, 중국, 타이완 등지에 분포한다. 폐수와 농약의 유입, 수질 오염 등으로 서식처가 감소되고, 관상용과 방생용으로 남획되어 개체 수가 급격히 감소하고 있다.

116

3. 맹꽁이 (무미목/맹꽁이과)
Kaloula borealis (Barbour)

사진/심재한

형태 몸 길이 약 4.5cm. 몸은 현저하게 팽대되어 몸의 대부분을 이루고 있으며, 주둥이는 짧고 작으면서 끝은 뾰족하다. 등은 푸른색을 띤 노란색으로 옆쪽에는 연한 검은색 대리석 모양의 얼룩무늬가 있으며, 미소한 융기가 흩어져 있다. 배는 매끄럽다.

생태 인가 주변이나 저지대에 서식한다. 여름철 장마철에 웅덩이나 물 속에 알을 낳고 '맹~맹~' 울음소리를 낸다. 장마가 끝나면 울음소리도 그치고, 다시 굴 속으로 숨어들기 때문에 산란 시기 이외에는 볼 수 없다.

실태 도시의 확장으로 서식처가 매립되고, 습지가 감소되었으며, 농약과 제초제, 수질 오염 등으로 개체 수가 급격히 감소하고 있다.

117

4. 비바리뱀 (유린목/뱀과)

Sibynophis collaris (Gray)

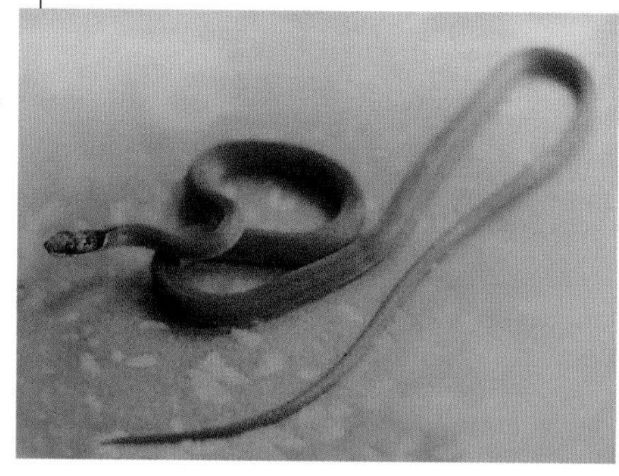

사진/심재한

형태　몸 길이 70~80cm. 등은 광택이 나는 담갈색, 배는 연한 황백색이며, 인두판(입술) 부근에 회백색 점무늬가 있다. 머리 부분의 이마판과 정수리판 사이에 검은 가로무늬가 있고, 정수리판 아래에서 목 부위 여덟째 비늘까지 꼬리 모양의 검은무늬가 있다. 몸통비늘 수는 17매, 배비늘 수는 180매, 꼬리비늘 수는 99매이다. 항문의 비늘은 두 갈래로 나누어져 있다. 대륙유혈목이와 비슷하나 주둥이 끝판이 둥글지 않고 평편하고 넓으며, 정수리에 검은 무늬가 있는 것이 타이완과 중국 남부에 서식하는 콜라리스(*collaris*)와 같은 종이다. 몸 길이와 꼬리 길이의 비율은 29.4%이며, 머리에서 항문까지 길이와 꼬리 길이의 비율은 41.2%이다.

생태　대륙유혈목이와 비슷하며, 언덕 밑이나 산등성이와 같이 건조한 곳에 살며, 행동이 민첩하여 곤충류, 도마뱀류, 장지뱀류를 잡아먹는다.

실태　한국, 중국 남부, 베트남, 인도 등지에 분포한다. 우리 나라에서는 1981년, 제주도 성판악의 한라산 산정의 중간 지점에서 채집되어 1982년 한국산 미기록종으로 발표되었다. 제주도에서만 채집되며, 뱀이 가늘고 아름다운 광택이 나기 때문에 제주도에서 '처녀'라는 단어를 따서 우리말 이름을 지었다.

5. 표범장지뱀 (유린목/장지뱀과)
Eremias argus Peters

사진/심재한

형태 몸 길이 15~20cm. 등의 비늘은 작고 알갱이 모양이며, 표면이 평활하다. 등 쪽에는 호랑이무늬와 비슷한 얼룩 반점이 8~14개 있고, 네 다리에도 퍼져 있다. 윗입술판은 8개, 아랫입술판은 6개이다. 머리 양쪽에 노란색 가는 줄이 있다. 비늘에는 용골이 없다. 발톱은 끝이 날카롭다. 서혜인공(사타구니에 있는 구멍)은 좌우 11쌍이 있으며, 이것이 다른 장지뱀 종류와 구별된다. 몸통비늘 수는 46~62매이고, 전항판은 불규칙한 모양으로 작으며 여러 개가 있다.

생태 강변의 풀밭, 해안가의 모래사장, 돌 밑 혹은 흙 속에 구멍을 파고 생활한다. 행동이 민첩하며, 작은 곤충을 잡아먹는다. 호랑이무늬와 비슷한 얼룩 반점을 빼면 몸의 색깔이 모래와 비슷하다. 산란 시기는 7~8월이며, 모래 속에 4~5개의 알을 낳는다. 알은 태양열로 생긴 모래의 열기에 의하여 45일 정도가 지나면 부화된다. 햇볕을 좋아하여 일찍 겨울잠에 들어가므로, 다른 장지뱀 종류에 비하여 환경 적응력이 떨어진다.

실태 한국, 중국 북부와 동북 지방, 몽골 등지에 분포한다. 우리 나라에서는 서해안을 따라 해안 사구나 모래땅으로 된 넓은 경작지 등지에서 드물게 발견되는 희소종이다.

어 류

글 · 사진 / 김익수

흰수마자

1. 감돌고기 (잉어과)

학명 · *Pseudopungtungia nigra* Mori
영명 · Korean Black Shinner

형태   몸은 길고 약간 측편되었으며, 입은 말굽 모양으로 주둥이 아래에 있다. 수염은 눈의 지름보다 작고, 측선(側線)은 완전하나 앞쪽이 아래로 약간 휘어 있다. 등지느러미 연조 수는 7~8개, 뒷지느러미 연조 수는 6~7개, 측선 비늘 수는 38~40개이다. 몸은 검은색 바탕에 구름 모양의 흑갈색 반점이 산재하고, 체측(體側) 중앙에는 흑갈색 줄무늬가 있다. 등지느러미, 꼬리지느러미, 뒷지느러미, 배지느러미에는 2줄의 검은 띠가 있다. 전장은 부화 후 1년이 지나면 5~7cm가 되고, 2년이 지나면 7~10cm, 3년이 되면 약 10cm가 된다.

생태   맑은 물이 흐르는 자갈 바닥 위에서 수서 곤충과 부착 조류를 먹고 산다. 산란 시기는 5~6월이며, 흐름이 완만하고 수심 30~90cm인 돌 밑이나 바위틈에 알을 낳는다.

실태   한국 고유종이며, 금강(무주·진안·장수·영동·대전), 만경강(고산), 웅천천(보령) 상류에 분포하였으나 웅천천에서는 이미 멸종되었고, 희소하게 남아 있는 다른 분포지의 집단도 골재 채취, 수질 오염, 대형 인공 댐 축조로 멸종 위기에 있다.

2. 꼬치동자개 (동자개과)

학명 · *Pseudobagrus brevicorpus* (Mori)
영명 · Korean Stumpy Bullhead

형태 몸은 소형으로 머리는 종편되고, 몸통은 짧으며, 미병부는 위 아래로 납작하다. 입은 주둥이 아래에 있고, 입수염은 4쌍으로 모두 길며, 눈은 비교적 크다. 몸에 비늘은 없고, 측선은 완전하여 체측 중앙에 이어진다. 등지느러미 연조 수는 7개, 뒷지느러미 연조 수는 15~20개, 척추골 수는 35~39개이다. 등지느러미와 가슴지느러미의 앞에는 강한 가시가 있고, 꼬리지느러미 중앙의 뒤가장자리는 안쪽 으로 약간 패어 상엽과 하엽으로 나뉜다. 몸은 담황색으로 등 쪽과 옆면을 잇는 갈색 반문이 있다. 꼬리지느러미의 기부는 밝고, 그 뒤 쪽에는 어두운 색이 넓게 이어지며 가장자리는 밝다. 전장 약 8cm.

생태 물이 맑은 하천 상류의 자갈과 큰 돌이 깔려 있는 곳에서 서 식하며, 주로 밤에 수서 곤충을 먹고 산다. 산란 시기는 6~7월로 추정되지만 생활사는 아직 알려지지 않았다.

실태 한국 고유종이며, 낙동강(영천 · 함양 · 산청 · 밀양 · 창령 · 대 구 · 영주)에서만 희소하게 분포한다. 삼림 벌채로 인한 수원 고갈과 생태계 변화 등으로 멸종 위기에 있다. 천연 기념물 제455호이다.

3. 미호종개 (미꾸리과)

학명·*Iksookimia choii* (Kim & Son)
영명·Miho Spine Loach

형태 몸은 가늘고 길며, 몸통은 둥글지만 머리 앞 끝은 뾰족하고, 꼬리 부분은 가늘다. 입은 주둥이 아래에 있고, 그 주변에 3쌍의 수염이 있으며, 눈 밑에는 작은 가시가 있다. 등지느러미 연조 수는 6~7개, 뒷지느러미 연조 수는 5개, 척추골 수는 42~44개이다. 측선은 불완전하여 가슴지느러미의 기저를 넘지 않는다. 몸은 연한 노란색으로, 체측 위쪽에는 불규칙한 갈색 반점이 등 쪽과 이어지고, 체측 중앙에는 12~17개의 갈색 반점이 종렬되어 있다. 전장 약 7cm.

생태 물의 흐름이 완만하고 수심이 얕은 곳의 모래 속에 몸을 완전히 파묻고 산다. 산란 시기는 5~6월로 추정되지만 생활사는 아직 알려지지 않았다.

실태 한국 고유종이며, 금강의 미호천(청원군 오창·청주)과 그 인접 수역(공주·대전·부여·조치원·청양)에 분포한다. 원래 개체 수가 희소한데다가 모래 속에 살기 때문에, 모래 채취와 하천 오염으로 인하여 멸종 위기에 있다. 학술적으로 진귀한 종이기 때문에 적극적인 보호 대책이 요구된다. 천연 기념물 제454호이다.

4. 얼룩새코미꾸리 (미꾸리과)

학명 · *Koreocobitis naktongensis* Kim, Park & Nalbant
영명 · Naktong Nose Loach

형태 몸은 원통형으로 길며, 머리와 꼬리는 측편되었다. 등지느러미 연조 수는 7개, 뒷지느러미 연조 수는 5개, 새파 수는 13~14개, 척추골 수는 46~48개이다. 주둥이는 길고 눈은 작으며, 눈 밑에는 끝이 갈라진 안하극이 있다. 입술은 두꺼운 육질로 되어 있으며, 입가에 3쌍의 수염이 있다. 측선은 불완전하여 가슴지느러미를 넘지 않는다. 수컷의 가슴지느러미 기부에는 사각형 모양의 골질반이 있다. 꼬리지느러미 말단은 절단형이다. 살아 있을 때 몸은 노란색을 띤 바탕에 작은 검은 점이 밀집되고, 체측에 갈색의 불규칙한 반문이 흩어져 있다. 등지느러미와 꼬리지느러미에는 갈색 점이 일정하게 배열되어 있다. 전장 약 15cm.

생태 하천 중·상류의 유속이 빠른 수역의 자갈이나 커다란 돌바닥에서 부착 조류를 먹고 산다. 산란 시기는 5~6월로 추정되지만 생활사는 아직 알려지지 않았다.

실태 한국 고유종이며, 낙동강 수계에서만 분포하고, 출현 개체 수는 아주 희소하다.

5. 퉁사리 (퉁가리과)

학명 · *Liobagrus obesus* Son, Kim & Choo
영명 · Bull-head Torrent Catfish

형태 몸은 약간 길고, 몸에는 비늘이 없다. 머리와 주둥이는 좌우로 납작하며, 눈의 뒷부분은 볼록 튀어나왔다. 입은 주둥이 끝에 있고, 위턱과 아래턱은 거의 같으며, 입수염은 4쌍으로 2쌍은 머리 길이와 거의 같고 다른 2쌍은 그보다 짧다. 측선은 흔적만 있거나 없다. 가슴지느러미 가시는 굵고 단단하며 피부에 묻혀 있고, 가시의 안쪽에 3~5개의 톱니 모양의 거치가 있다. 몸은 짙은 황갈색이지만 배 쪽은 담황색을 띤다. 전장 약 10cm.

생태 하천 중류의 유속이 느리고 자갈이 많은 곳에 서식하며, 밤에 수서 곤충을 먹고 산다. 산란 시기는 5월 초~6월 중순이며, 암컷은 돌 밑에 산란하고, 그 곳에 남아서 알을 보호한다.

실태 한국 고유종이며, 금강의 중류(영동 · 옥천 · 무주 · 금산 · 보은) · 웅천천(보령), 만경강(고산), 영산강 상류(장성)에 희소하게 분포한다. 하천 오염과 서식처 변화로 개체 수가 급격히 감소하고 있어 멸종 위기에 있다. 학술적으로 진귀한 종이다.

6. 흰수마자 (잉어과)

학명 · *Gobiobotia naktongensis* Mori
영명 · Naktong Barbel Gudgeon

형태 몸은 약간 길고, 전반부는 굵지만 후반부는 가늘다. 머리는 위아래로 약간 납작하고 배 쪽은 편평하다. 눈은 크고, 입은 주둥이 아래에 있으며, 턱 아래쪽에는 4쌍의 긴 수염이 있다. 몸은 흰색 바탕이고 등 쪽은 연한 갈색이다. 체측 중앙에 동공 크기 정도의 검은 점 6~10개가 일렬로 있으나 지느러미에는 없다. 등지느러미 연조 수는 7개, 뒷지느러미 연조 수는 6개, 측선 비늘 수는 37~38개이며 측선은 완전하다. 전장 약 10cm.

생태 모래가 깔린 여울에서 주로 수서 곤충의 유충을 먹고 산다. 산란 시기는 6월로 추정되며, 생활사는 아직 밝혀지지 않았다.

실태 한국 고유종이며, 낙동강(밀양 · 진주 · 의령 · 합천 · 함양 · 안동 · 영주), 금강(진천 · 청원) 및 임진강의 일부 수역에 아주 희소하게 분포하나 최근 하천 개발과 수질 오염으로 멸종 위기에 있다. 학술적으로 진귀한 종이다.

1. 가는돌고기 (잉어과)

학명 · *Pseudopungtungia tenuicorpa* Jeon & Choi
영명 · Slender Shinner

형태 몸은 가늘고 길며, 주둥이 끝이 뾰족하다. 등지느러미 연조 수는 7개, 뒷지느러미 연조 수는 6개, 측선 비늘 수는 40~43개이다. 입은 작고 주둥이 밑에 있으며, 입수염은 짧다. 눈은 비교적 크며, 머리 옆면 중앙에 있다. 위턱은 돌고기처럼 비대하지 않다. 측선은 완전하고 직선이다. 등 쪽은 진한 갈색이고 배 쪽은 옅은 회색이다. 체측 중앙에는 주둥이 끝에서부터 꼬리지느러미 기부까지 이어지는 흑갈색의 너비가 넓은 줄무늬가 있다. 전장 약 10cm.

생태 물이 맑은 하천 상류의 자갈이 깔린 여울부의 바닥 가까이에 산다. 먹이와 산란 습성은 아직 알려지지 않았다.

실태 한국 고유종이며, 한강, 임진강의 중·상류에 희소하게 분포한다. 서식지가 크게 교란되어 개체군 밀도가 급격히 감소하고 있다.

2. 가시고기 (큰가시고기과)

학명 · *Pungitius sinensis* (Guichenot)
영명 · Chinese Nine Spine Stickleback

형태 몸은 좌우로 심하게 납작하다. 등지느러미 앞에는 예리한 가시가 8~9개 있고, 가시는 기조막과 연결되었다. 제2등지느러 연조 수는 10~12개, 뒷지느러미 연조 수는 9~11개, 체측 인판 수는 32~35개이다. 미병부는 매우 짧고, 꼬리지느러미의 바깥 가장자리는 둥글다. 체측 상단부는 옅은 갈색이고 배 쪽은 밝은 은황색이다. 꼬리지느러미를 제외한 기조막은 투명하다. 전장 약 9cm.

생태 물이 맑은 하천 중류의 수생 식물이 번성한 곳에서 서식한다. 산란 시기는 4~8월로 추정된다. 성체와 어린 새끼는 해수로 이동하지 않고 담수에서 일생 동안 지내며, 주로 수서 곤충의 깔다구 유충과 실지렁이 등을 먹고 산다.

실태 동해로 흐르는 하천 중·상류에 서식하며, 중국과 일본에 분포한다. 하천 상류의 수질 오염과 하천 개발로 개체 수가 급격히 감소하고 있다.

3. 꾸구리 (잉어과)

학명 · *Gobiobotia macrocephala* Mori
영명 · Eyelid Gudgeon

형태　몸은 약간 길며, 전반부는 굵고 후반부는 가늘다. 등지느러미 연조 수는 7개, 뒷지느러미 연조 수는 6개, 측선 비늘 수는 37~40개이다. 머리는 약간 뾰족하고 납작하며, 머리 아래쪽은 편평하다. 입은 주둥이 밑에 있으며, 수염은 모두 4쌍으로 입가에 1쌍이 있고 아래턱 밑에 3쌍이 있다. 눈은 머리 옆면 중앙에 있고 피막이 있어서 여닫이가 가능하다. 측선은 완전하고 거의 직선이지만 그 전반부는 아래쪽으로 약간 굽어 있다. 몸은 다갈색 바탕에 등지느러미와 꼬리지느러미 사이에 3개의 짙은 갈색 가로무늬가 뚜렷하다. 지느러미에는 매우 작은 검은 점들이 줄처럼 이어져 있다. 전장 약 13cm.

생태　유속이 매우 빠르고 자갈이 많이 깔린 하천 상류의 여울에서 수서 곤충의 유충을 주로 먹고 산다. 산란 성기는 6월 상순경으로 수온이 18~21℃인 자갈 사이에 산란한다.

실태　한국 고유종이며, 한강, 임진강, 금강의 일부 수역에 희소하게 분포한다.

4. 다묵장어 (칠성장어과)

학명 · *Lampetra reissneri* (Dybowski)
영명 · Sand Lamprey

형태 몸은 뱀장어 모양으로 가늘고 길며, 눈 뒤에 7쌍의 아가미구멍이 있다. 입은 흡반을 이루고 둥글며 턱이 없다. 구강과 혀에는 각질치가 있다. 제1등지느러미와 제2등지느러미는 꼬리지느러미와 이어지며 짝지느러미는 없다. 마지막 아가미구멍으로부터 총배설강 앞까지의 근절 수는 55~60개이다. 등 쪽은 갈색, 배 쪽은 회백색이며, 꼬리지느러미 끝에 검은 반점이 있다. 전장 15~20cm.

흡반 모양의 입

생태 담수에 적응한 육봉형으로 작은 개울의 중·상류나 저수지 등 물 흐름이 정체된 곳의 모래와 자갈 바닥에 묻혀 산다. 산란 시기는 4~6월로 바닥에 웅덩이를 파고 산란한다. 유생 기간은 3년 이상으로, 이 기간에는 주로 유기물을 걸러 먹고, 4년째 가을과 겨울에 걸쳐 변태한다. 성어가 되면 전혀 먹지 않고, 낮에는 모래 속에 숨어 있다가 밤에 활동한다.

실태 제주도를 제외한 전국에 출현하며, 중국 북부, 일본, 연해주, 사할린에 분포한다. 학술적으로 진귀한 종으로 희소한데, 하천 오염과 서식처 변화로 개체 수가 급격히 감소하고 있다.

5. 돌상어 (잉어과)

학명 · *Gobiobotia brevibarba* Mori
영명 · Eightbarbel Gudgeon

형태 몸은 약간 길고, 전반부는 두툼하며, 배는 편평하지만 후반부는 약간 측편되었다. 등지느러미 연조 수는 7개, 뒷지느러미 연조 수는 6개, 측선 비늘 수는 40~42개이다. 주둥이는 삼각 모양으로 끝이 돌출되어 뾰족하다. 입수염은 4쌍이다. 측선은 완전하며, 후반부는 직선이다. 살아 있을 때의 몸은 약간 노란색으로 등 쪽에 너비가 넓은 검은 반점이 불분명하게 나타난다. 가슴지느러미, 등지느러미, 꼬리지느러미에 반점이 없다. 전장 약 15cm.

생태 깨끗하고 유속이 빠른 하천 상류의 자갈이 깔린 여울 바닥에서 수서 곤충의 유충을 먹고 산다. 자갈 바닥에 잘 숨고, 민첩해서 돌에서 돌로 자주 옮겨 간다. 산란 성기는 5월경으로, 암컷 한 마리가 약 2000개의 알을 갖고 있다.

실태 한국 고유종이며, 학술적으로 진귀하다. 한강, 임진강, 금강 상류에 희소하게 출현한다. 수질 오염과 개발로 서식처가 크게 교란되어 개체 수가 급격히 감소하고 있다.

6. 둑중개 (둑중개과)

학명 · *Cottus poecilopus* Heckel
영명 · Yellow Fin Sculpin

형태　몸은 유선형으로 약간 측편되고 머리는 종편되었다. 제1등지느러미 극조 수는 8개, 제2등지느러미 연조 수는 17~21개, 뒷지느러미 연조 수는 13~14개, 측선 비늘 수는 39~52개, 새파 수는 8~9개, 척추골 수는 34~38개이다. 전새개골의 뒤쪽 가장자리에는 1개의 날카로운 가시가 있다. 몸은 녹갈색으로 등 쪽은 매우 진하지만 배 쪽은 거의 흰색이다. 체측에는 5~6개의 너비가 넓은 흑갈색 가로무늬가 있다. 전장 약 15cm.

생태　하천 상류 유속이 매우 빠른 곳의 돌 밑에 숨어 살며, 수서 곤충을 먹는다. 산란 시기는 3월 말에서 4월 초순경으로, 여울의 큰 돌 밑바닥에 알을 붙인다.

실태　우리 나라에서는 서해로 흐르는 하천 상류에 아주 희소하게 서식하고, 중국 흑룡강 수계에 분포한다. 하천 상류 주변의 삼림 훼손으로 생태계가 크게 변화되어 한강 상류의 일부 수역에서만 출현하고 있다.

7. 모래주사 (잉어과)

학명 · *Microphysogobio koreensis* Mori
영명 · Korean Gudgeon

형태　몸은 가늘고 길며 약간 측편되었다. 주둥이는 원추형으로 뾰족하며, 아래쪽에 있는 입은 말굽 모양이고, 윗입술과 아랫입술에는 피질 돌기가 잘 발달되어 있다. 측선은 완전하며, 체측 중앙으로 이어진다. 등지느러미 연조 수는 7개, 뒷지느러미 연조 수는 6개, 측선 비늘 수는 39~41개이다. 등 쪽은 청갈색이고 배 쪽은 은백색이다. 체측 중앙에는 윤곽이 뚜렷하지 않은 5~13개의 크고 작은 반점이 있다. 살아 있을 때에는 체측에 푸른색의 세로띠가 중앙에 있다. 전장 약 10cm.

생태　약간 깊은 하천 중·상류의 자갈과 모랫바닥 가까이에서 서식하며, 주로 부착 조류를 먹고 산다. 생활사나 성장에 대해서는 잘 알려지지 않았다.

실태　한국 고유종이며, 섬진강(남원·임실), 낙동강(밀양·산청·경산·봉화·안동)에 분포하는데, 매우 희소하게 출현하므로 보호가 필요하다.

8. 묵납자루 (잉어과)

학명 · *Acheilognathus signifer* Berg
영명 · Korean Bitterling

형태 몸은 측편되고 체고가 높다. 입 주변에는 1쌍의 수염이 있으며, 측선은 완전하다. 등지느러미와 뒷지느러미의 가장자리는 둥글다. 등지느러미 연조 수는 8~9개, 뒷지느러미 연조 수는 9~10개, 측선 비늘 수는 35~37개이다. 산란 시기의 수컷은 주둥이 양쪽에 추성이 밀접되어 있고, 암컷에 비하여 체고가 높으며, 암컷은 항문 돌기 부분에 긴 회갈색 산란관이 있다. 몸은 약간 검푸른색을 띠는데, 등 쪽은 더욱 짙고 배 쪽은 노란색을 띤다. 등지느러미와 뒷지느러미의 기부는 회갈색이고, 중앙부는 너비가 넓은 노란색 띠가 있으며, 가장자리는 흑갈색을 띤다. 전장 약 7cm.

생태 하천의 물 흐름이 완만한 곳의 모래, 진흙과 자갈이 섞인 곳에서 동식물을 먹고 산다. 산란 시기는 5~6월로 민물 조개의 새강 속에 알을 낳는다.

실태 한국 고유종이며, 한강, 임진강, 대동강, 압록강, 성천강 등에 분포한다. 희소하면서도 진귀한 종으로, 하천 오염과 서식처 변화로 급격히 감소하고 있어 보호가 필요하다.

9. 임실납자루 (잉어과)

학명·*Acheilognathus somjinensis* Kim & Kim
영명·Imsil Bitterling

형태 몸은 방추형으로 작고 측편되었다. 체고는 비교적 높고 등지느러미와 뒷지느러미의 바깥쪽 가장자리는 둥글다. 등지느러미 연조 수는 8~9개, 뒷지느러미 연조 수는 10~11개, 측선 비늘 수는 34~35개이다. 입은 주둥이 아래쪽에 비스듬히 위쪽을 향해 있고, 입가에는 1쌍의 수염이 있다. 암컷의 산란관은 두장보다 길어서 꼬리지느러미 기부를 넘는다. 산란 시기의 수컷은 주둥이 위쪽과 눈 주변에 추성이 나타나고 선홍색을 띤다. 등 쪽은 어둡고, 체측 중앙은 갈색을 띠며, 배 쪽은 노란색, 미병부는 보랏빛을 띤다. 전장 약 6cm.
생태 하천 가장자리의 비교적 얕고 수생 식물이 있는 펄과 진흙바닥에 서식한다. 산란 시기는 4~5월이며, 민물 조개 새엽에 10~30개의 점착성이 없는 알을 낳는다.
실태 한국 고유종이며, 섬진강의 일부 수역에만 희소하게 분포하므로 서식처 보호가 필요하다.

10. 잔가시고기 (큰가시고기과)

학명 · *Pungitius kaibarae* ssp.
영명 · Short Nine Spine Stickleback

형태 몸은 좌우로 심하게 측편되었다. 등지느러미 앞에는 예리한 가시가 7~9개 있고, 가시는 기조막과 연결되었다. 제2등지느러미 연조 수는 10~12개, 뒷지느러미 연조 수는 8~11개, 체측 인판 수는 31~34개이다. 체측 상단부는 갈색이고 배 쪽은 밝은 은황색이다. 등지느러미 가시 기조막은 검은색이다. 산란 시기에는 성적 이형을 보여서 수컷의 머리, 몸통 및 꼬리지느러미 모두 검은색을 띤다. 전장 약 7cm.

생태 물이 맑은 하천 중류의 큰 돌과 바위가 깔리고 수생 식물이 많은 곳에서 산다. 산란 시기는 5~8월로 추정된다. 담수에서 일생을 지내며, 주로 깔다구 유충과 실지렁이 등을 먹는다.

실태 동해로 흐르는 하천 중·상류와 낙동강 지류인 금호강에 서식한다. 잔가시고기와 아주 비슷한 종 *Pungitius kaibarae*가 일본의 교토 및 효고 지역에 서식하였으나 이미 멸종되었다.

11. 칠성장어 (칠성장어과)

학명 · *Lampetra japonica* (Martens)
영명 · Arctic Lamprey

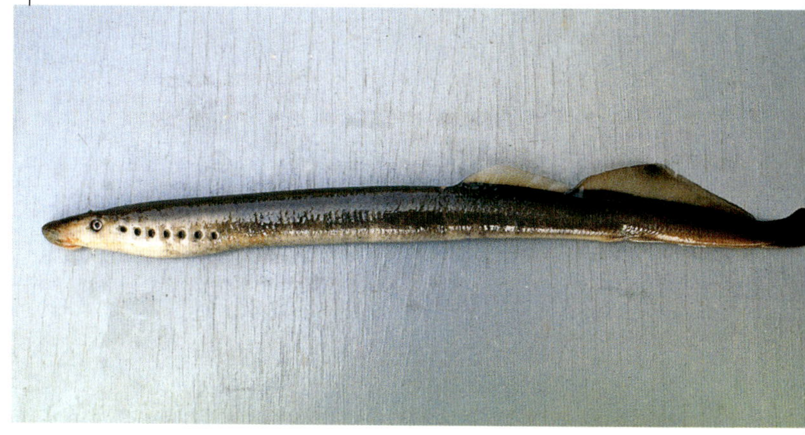

형태　몸은 뱀장어 모양이나 짝지느러미가 없고, 눈 뒤에는 아가미구멍이 7쌍 있다. 콧구멍은 머리 등 쪽에 있고, 구강과 연결되지 않았다. 턱은 없고, 입은 흡반 모양으로 둥글며, 그 주변에는 돌기가 있다. 제1등지느러미와 제2등지느러미는 분리되었다. 구강에 이가 잘 발달되어, 상구 치판은 2개의 첨두로

흡반 모양의 입

되어 있고 하구 치판은 6~7개의 첨두를 가진다. 등 쪽은 옅은 파란색을 띤 진한 갈색이지만 배 쪽은 무색이다. 전장 약 50cm.

생태　바다에서 2~3년 지내는 동안 다른 어류의 몸에 붙어 피를 빨아먹고 성장한 다음, 5~6월에 강으로 올라와 모래와 자갈이 깔려 있는 강바닥에 산란한다. 유생은 4년 정도 하천 중·하류의 진흙 속에 살면서 밤에 유기물이나 부착 조류를 먹는다.

실태　동해로 흐르는 하천과 낙동강에 매우 희소하게 출현하고, 일본 북부, 시베리아 아무르 강 수계, 사할린, 북아메리카에 분포한다. 현생 어류 중 가장 원시적인 분류군으로, 학술적으로 중요하다.

12. 한둑중개 (둑중개과)

학명 · *Cottus hangiongensis* Mori
영명 · Tuman River Sculpin

형태　몸은 유선형으로 약간 측편되었지만 머리는 종편되었다. 제1 등지느러미 극조 수는 7~8개, 제2등지느러미 연조 수는 20~22개, 뒷지느러미 연조 수는 16~17개, 새파 수는 8~10개, 척추골 수는 33~35개이다. 측선은 완전하다. 몸은 회갈색으로 머리는 아주 검으며, 배 쪽은 연한 황록색을 띤다. 체측에는 밝은 둥근 반점이 많아 갈색 선이 얽힌 것처럼 보인다. 꼬리지느러미는 노란색을 띤다. 전장 약 15cm.

생태　여울의 유속이 빠른 하천 하류의 돌이 많은 곳에서 주로 수서 곤충을 먹고 산다. 산란 시기는 3~6월이며, 하천 가장자리 수심 20~40cm인 곳의 큰 돌 밑에 알을 덩어리로 붙인다.

실태　두만강과 동해로 흐르는 하천 하류에 서식하나 개체 수는 매우 희소하다. 일본 홋카이도와 연해주에 분포한다.

곤충류

글 · 사진 / 권용정 · 김성수 · 김정환
김진일 · 남상호 · 문태영

왕은점표범나비

1. 두점박이사슴벌레

(사슴벌레과)

Prosopocoilus blanchardi (Parry)

사진/김성수

형태 몸 길이는 수컷 47~60mm(큰턱 포함), 암컷 23~34mm. 몸은 황갈색 또는 연한 갈색이며, 앞가슴등판 가운데의 가는 세로줄과 양 옆 뒤쪽에 있는 둥근 무늬, 딱지날개의 가운데와 가장자리의 가는 줄 등은 검은색이다. 수컷의 큰턱은 매우 가늘고 길며, 약간 아래쪽 으로 굽었고, 바깥쪽은 넓게 둥글다. 큰턱의 안쪽 기부 근처에는 넓고 뾰족한 이빨이 있고, 끝부분에는 4개 정도의 날카로운 이빨이 있다.

생태 야간에 등불에 모이며, 나뭇진에도 모인다. 생태 특징은 잘 알려지지 않았다.

분포 한국, 타이완 등지에 분포하는데, 우리 나라에서는 제주도에서 만 아주 드물게 나타난다.

142

2. 산굴뚝나비 (뱀눈나비과)

Hipparchia autonoe (Esper)

윗면 ♂

아랫면 ♂

윗면 ♀

아랫면 ♀

형태　날개를 편 길이 47mm 내외. 암컷은 수컷보다 크고, 날개색이 다소 옅다.

생태　7월에서 8월에 걸쳐 연 1회 발생. 한라산 1300m 이상에서 정상에 이르는 풀밭에 서식한다. 개체 수는 많으며, 가락지나비와 섞여 살고 있다. 수컷은 화산암 위에서 쉬고 있을 때가 많고, 솔체꽃, 송이풀, 꿀풀 등에서 흡밀할 때도 있다. 바람이 불면 멀리 날지만 보통 인기척에 의해 5~6m까지 날아가는 경우도 있다.

분포　한국, 중국, 극동 러시아에서 유럽 등지에 분포하며, 우리 나라 남한에서는 유일하게 제주도 한라산에 분포한다.

산굴뚝나비 우   사진/김성수

3. 상제나비 (흰나비과)
Aporia crataegi (Linnaeus)

짝짓기   사진/김성수

윗면 우

아랫면 우

형태 날개를 편 길이 65mm 내외. 암컷은 앞날개 기부 근처가 반투명해 보인다.
생태 5월 중순에서 6월 초에 걸쳐 연 1회 발생. 암수 모두 엉겅퀴, 조뱅이, 토끼풀 등의 꽃에서 흡밀한다. 암컷은 식수(食樹)의 잎 뒷면에 5~60개 정도의 알을 한꺼번에 산란하는데, 유충(幼蟲)들도 집단으로 잎을 실로 엮어 생활하다가 먹을 때에만 새 잎으로 이동한다. 월동할 때에도 유충들은 식수 가지에서 집단으로 모여 지낸다. 월동 후 종령(終齡) 유충이 되면 독립 생활을 한다. 번데기는 주로 식수 주변의 나무 줄기에서 발견된다. 식수는 장미과의 털야광나무 등이다. 강원도 영월 일대의 나무가 별로 없는 구릉 지역이나 삼림 경계부 풀밭에 서식하나 최근 채집되지 않고 있다.
분포 한국, 일본, 중국, 극동 러시아에서 유럽 등지에 분포한다.

4. 수염풍뎅이 (검정풍뎅이과)

Polyphylla laticollis manchurica Semenov

사진/김진일

형태 몸 길이 31~38mm. 몸은 짙은 갈색으로, 등 쪽에는 흰색의 털들이 불규칙하게 흩어져서 얼룩 무늬를 형성한다. 소순판(小楯板)과 미절판(尾節板)에는 짧은 담황색 털이 빽빽하게 나 있고, 몸의 아랫면과 다리에는 황갈색 털이 많이 나 있다. 더듬이는 10마디인데, 수컷의 곤봉부(棍棒部)는 7마디로서 매우 길고, 중간에서 바깥쪽으로 구부러졌다.

생태 성충은 늦봄부터 가을까지 볼 수 있으나 주로 6~7월에 많으며, 밤에 불빛을 보고 날아온다. 유충은 땅 속에서 소나무류, 사시나무류, 갈참나무, 참나무 등의 뿌리를 갉아먹는다고 한다.

분포 한국(북한·중부·제주도), 중국 동북 지방, 몽골, 일본 등지에 분포한다. 우리 나라에서는 1950년대까지 서울에서도 많이 볼 수 있었으나 1970년대 이후에는 보이지 않는다.

5. 장수하늘소 (하늘소과)

Callipogon relictus Semenov-Tian-Shansky

사진/남상호

형태 몸 길이는 수컷 85~108mm, 암컷 65~85mm. 몸은 황갈색 또
는 흑갈색이며, 대부분 노란색 잔털로 덮여 있다. 큰턱은 크고 튼튼
하게 생겼으며, 위로 구부러져 있고, 바깥쪽에 1개의 가지가 있다.
앞가슴등판의 옆 가장자리에는 톱니 모양의 돌기가 나 있으며, 등판
에는 노란색의 털뭉치가 있다.

생태 성충은 7~8월에 출현하며, 밤에 불빛에 날아오는 일이 있고,
오래 된 참나무의 혹처럼 생긴 부위에서 나오는 진을 먹는다. 몸이
무거워 나무 위에 올라가야만 날 수 있다. 유충은 서나무, 신갈나무,
물푸레나무 등의 목질부를 해친다.

분포 한국, 일본, 중국, 아무르 등지에 분포한다. 구북구 지역에서는
가장 큰 하늘소이다. 우리 나라에서는 현재 경기도 광릉과 강원도
소금강에서만 볼 수 있을 정도로 극히 드물다. 천연 기념물 제218호
로 지정되었다.

1. 고려집게벌레 (긴사슴집게벌레과)
Challia fletcheri Burr

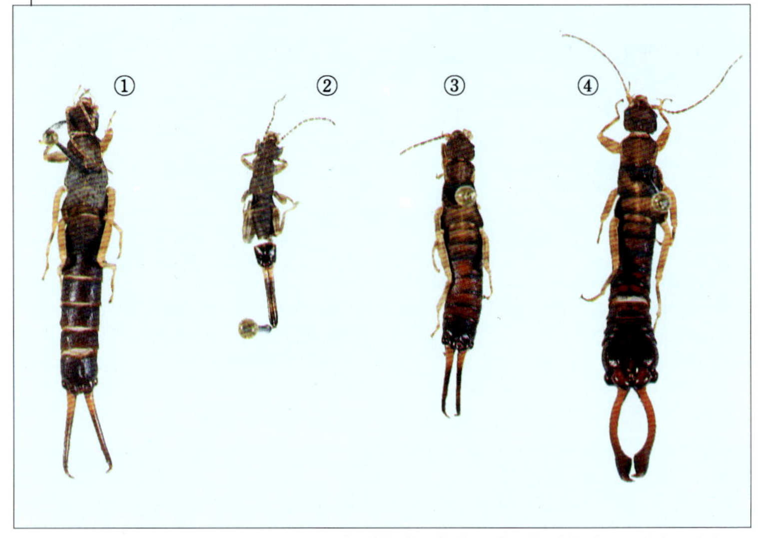

① 성충 ♀　②,③ 유충　④ 성충 ♂　　사진/문태영

형태　몸 길이 20~30mm. 수컷이 대체로 크다. 몸은 주로 밝은 갈색에서 짙은 갈색이고, 다리는 밝은 노란색이다. 마지막 배마디에 둥근 돌기가 있어서 다른 집게벌레종들과 구분이 된다. 양쪽 집게는 커다란 타원형을 이루며, 마지막 부분이 낚싯바늘처럼 되었다.
생태　매우 희귀하여 거의 밝혀진 것이 없으나, 주로 소나무의 잎에서 채집되었고, 간혹 참나무의 박피 사이에서도 발견된다. 입의 구조가 매우 약한 것으로 보아 꽃가루를 먹는 것으로 추측된다.
분포　한국(설악산·소백산·묘향산), 중국 동북 지방, 일본 류큐에 분포하는 것으로 알려져 있다. 그러나 현재까지 이 종의 집단이 사는 곳은 우리 나라에서는 강원도 설악산과 북한의 묘향산 지역으로 보인다.

2. 깊은산부전나비 (부전나비과)
Protantigius superans (Oberthür)

⚦　사진/김성수

형태 날개를 편 길이 35mm 내외

생태 6월에서 8월에 걸쳐 연 1회 발생. 대개 높은 위치의 참나무 잎 위에서 활동하므로 발견하기가 쉽지 않다. 수컷은 간혹 오전에 낮은 위치의 잎이나 풀 위에서 일광욕을 하며, 오후 늦게는 산의 능선에서 높게 날아다니면서 상승 기류를 타고 정상에 날아오르기도 한다. 암컷은 드물게 큰까치수영의 꽃에서 흡밀한다.

분포 한국, 중국 서부, 극동 러시아 등지에 분포한다. 우리 나라에서는 남한의 충청남도 계룡산, 경상북도 소백산, 강원도의 높은 산지의 잡목림이나 그 주변 계곡에 서식한다.

윗면 ⚦

아랫면 ⚦

3. 꼬마잠자리 (잠자리과)
Nannophya pygmaea Rambur

우　사진/김정환

형태 성충은 배 길이 11~13mm, 뒷날개 길이 13~15mm. 유충은 몸 길이 8~9mm, 머리 너비 3mm. 미성숙일 때 수컷의 몸은 등황색으로 배의 각 마디에 미색의 띠무늬가 새겨져 있는데, 성숙하면 몸 전체가 붉은색이 된다. 암컷은 배 제2~6마디 사이에 미색 띠무늬와 담갈색, 검은색의 가로줄 무늬가 있어, 마치 색동 저고리처럼 알록달록하게 보이고, 제7~10마디에는 가는 미색 띠무늬가 있으며, 그밖에는 거의 검은색이다. 암수 모두 날개는 투명하고, 각 날개 밑부분의 삼각실 바깥까지는 등적색이다. 암컷의 뒷날개는 등적색을 띠고 있는데, 이 등적색은 결절 부근까지 차지하고 있어 수컷과 구별된다.

150

⚤ 사진/김정환

우리 나라에 살고 있는 잠자리 중에서 가장 작기 때문에 꼬마잠자리라는 우리말 이름이 붙여졌다.

생태 6월에서 8월에 걸쳐 발생. 미성숙 개체는 우화 후 15~20일이 지나면 성숙해진다. 오후 1~3시경, 낮의 기온이 최고에 이르면 풀줄기 끝에서 물구나무서듯 배를 하늘 높이 쳐드는 행동을 하는데, 이는 몸에 닿는 햇볕의 면적을 최대한 줄여 체온을 조절하는 행위이다. 짝짓기 후 암컷은 혼자서 늪지대, 농수로, 휴경 물논을 돌아다니며 타수 산란을 한다. 우화형은 도수형이다.

분포 한국(위도 37° 이남의 중남부), 일본, 타이완, 중국 중남부, 네팔, 필리핀, 보르네오 섬, 셀레베스 섬 등지에 분포한다.

4. 닻무늬길앞잡이
(길앞잡이과)

Cicindela (Abroscelis)
anchoralis Chevrolat

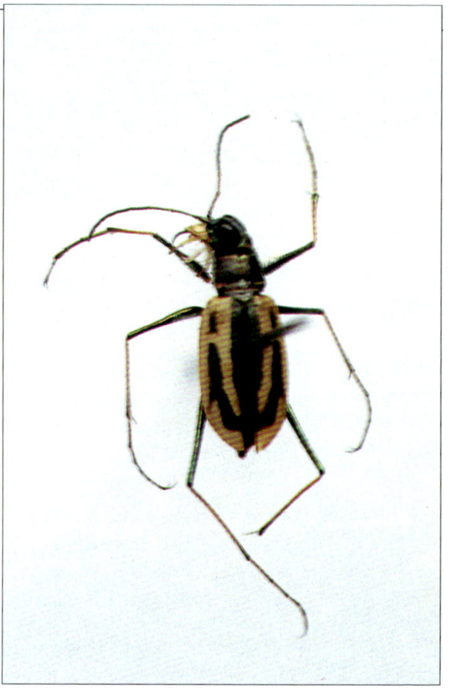

사진/김진일

형태 몸 길이 12~15mm. 등 쪽은 구릿빛 갈색 또는 녹색을 띠며, 배 쪽은 녹색의 광택이 난다. 딱지날개의 중앙에 있는 한 쌍의 긴 세로줄무늬와 바깥쪽 가장자리의 무늬는 노란색이다. 수컷의 딱지날개는 끝이 뾰족하고, 암컷은 안쪽으로 오므라들었다.

생태 성충은 여름에 바닷가에서 활동하며, 유충은 다른 길앞잡이류처럼 땅 속에 수직굴을 파고 그 속에 있다가 지나가는 곤충을 잡아먹을 것으로 생각된다.

분포 한국, 일본 남부, 타이완, 중국 남부 등지에 분포한다. 우리 나라에서는 서해안의 극히 일부 지역에서만 소수가 채집된 적이 있는데, 해안 환경의 파괴로 현재 생존 여부가 불확실하다.

5. 멋조롱박딱정벌레 (딱정벌레과)
Damaster mirabilissimus Ishikawa et Deuve

사진/권용정

형태 몸 길이는 수컷 23～25mm, 암컷 25～28mm. 몸은 검은색 바탕에 암청색, 암녹색, 청록색 또는 암자색의 금속성 광택을 띠는 화려한 미려종이다. 머리가 특히 크고 목이 굵으며, 입틀이 강대하게 발달하여 다른 유사종과 쉽게 구별된다. 딱지날개는 긴 타원형이고, 그물눈처럼 조각 구조를 이루며, 뒷날개는 퇴화되어 비행력을 상실하였다.

생태 1년에 1회 발생하고, 성충으로 월동한다. 월동 성충은 5월부터 출현하며, 새로 나타난 성충은 7월 중순부터 출현하여 9월 하순까지 활동한다. 유충과 성충 모두 야행성이며, 산림 지역에서 지렁이, 달팽이, 나비류 유충 등을 잡아먹는다.

분포 한국 특산종이며, 산악 지역의 원시림 지대에 국지적으로 희귀하게 서식하고 있다. 특히 덕유산 일대에는 별도의 고유 아종인 덕유멋조롱박딱정벌레 *Damaster mirabilissimus kana* Imura가 극히 제한적으로 서식한다. 살아 있는 보석으로 취급될 만큼 아름다운 희귀종이므로, 남획될 우려가 있다.

6. 물장군 (물장군과)

Lethocerus deyrollei (Vuillefroy)

사진/남상호

형태　몸 길이 48~65mm. 우리 나라 노린재 무리 중 가장 크다. 몸은 갈색이며, 머리는 비교적 작고, 더듬이는 겹눈 밑에 감추어져 있어 보이지 않는다. 앞다리는 포획다리로 끝에 발톱이 1개 나 있고, 가운뎃다리와 뒷다리는 헤엄다리로 종아리마디와 발톱마디에 긴 털이 나 있다. 꼬리 끝에는 신축성이 있는 짧은 호흡관이 있다.

생태　성충은 5~9월에 출현하며, 늪이나 연못, 하천의 괸 물 등지에서 산다. 작은 물고기나 올챙이, 개구리 등을 날카로운 발톱으로 잡아 체액을 빨아먹는다.

분포　한국, 일본, 중국, 타이완 등지에 분포한다. 최근에는 수질 오염으로 개체 수가 급격히 감소하고 있다.

154

7. 붉은점모시나비 (호랑나비과)

Parnassius bremeri Bremer

♂   사진/김성수

형태 날개를 편 길이 70mm 내외

생태 5월 중순에서 6월 중순에 걸쳐 연 1회 발생. 성충은 오전 중에 천천히 날면서 엉겅퀴, 기린초 등의 꽃에서 흡밀하나 물가에서 흡수하지는 않는다. 암컷은 식초가 있는 곳의 주위의 마른 풀 등에 산란하는 습성이 있다. 알로 월동하며, 식초는 돌나물과의 기린초 등이다.

윗면 ♂

분포 한국, 중국, 시베리아 등지에 분포한다. 우리 나라에서는 남한의 경기도, 강원도, 충청남도, 경상도에 국지적으로 분포하며, 강을 낀 낮은 바위산 계곡 주변과 해발

아랫면 우

200~300m의 산 정상에 있는 풀밭에 서식한다. 대부분의 서식지는 범위가 좁고, 때에 따라서는 나무가 무성하게 자라거나 도로의 증설로 개체 수가 급격히 감소하고 있다.

155

8. 비단벌레
(비단벌레과)

Chrysochroa fulgidissima
(Schönherr)

사진/김성수

형태 몸 길이 30~40mm. 몸은 금록색으로 금속성 광택이 매우 강하고, 등 쪽에는 2줄의 굵고 붉은색 무늬가 있어서 매우 화려하다.

생태 성충은 7~8월에 볼 수 있으며, 유충은 여러 종류의 나무 속에서 기생하나 아직 자세한 생활사는 조사되지 않았다. 유충 기간은 기온과 먹이의 성질에 따라 2~4년 정도인 것으로 추측된다. 성충은 화려함 때문에 오래 전부터 인간에게 피해를 입어 왔다. 신라 시대의 고분에서 출토되는 것으로 보아 이미 이 시대의 왕들에게 장식품으로 이용되었음을 알 수 있고, 중국에서는 금속 테두리를 씌워서 복장의 액세서리로 사용하였다.

분포 한국(남부·제주도), 타이완, 일본 등지에 분포한다. 채집을 삼가야 하며, 특히 유충의 성장이 어려우므로 각별한 보호가 필요하다.

156

사진/김진일

9. 소똥구리

(소똥구리과)

Gymnopleurus mopsus (Pallas)

형태 몸 길이 16mm 내외. 몸은 광택이 없는 검은색으로 넓고 편평하다. 머리와 머리방패는 편평한 마름모꼴이다. 머리방패의 앞쪽 가장자리는 약간 위쪽으로 솟아올랐고, 그 중간은 삼각 모양으로 약간 패었다. 앞가슴등판은 넓고 둥글며 편평하나 가운데는 높다. 딱지날개는 앞가슴등판보다 좁고 희미한 7줄의 조구(條溝)가 있으며, 간실(間室)에는 매우 작은 알맹이〔顆粒〕들이 들어 있다.

생태 성충은 늦봄부터 가을까지 활동하나 6~7월에 가장 많고, 땅속의 굴로 소나 말 또는 사람의 똥을 굴려 가 알을 낳는다.

분포 한국, 중국 동북 지방, 서부 아시아, 유럽 등지에 분포한다. 과거에는 우리 나라의 소똥구리류 중 우점종(優占種)이었다고 하는데, 1967년 이후에는 표본조차 희귀하다.

157

10. 쌍꼬리부전나비 (부전나비과)
Spindasis takanonis (Matsumura)

♂   사진/김성수

형태 날개를 편 길이 33mm 내외

생태 6월 중순에서 7월 중순에 걸쳐 연 1회 발생. 맑은 날 오전 중에는 움직임이 별로 없다가 오후 늦게부터 해질 때까지는 수컷은 활발하게 날며 점유 행동도 강하게 한다. 앉아서 쉴 때에는 날개를 접으나 흡밀하거나 점유 행동을 할 때에는 날개를 반쯤 펴고 앉는 일이 많다. 개망초, 큰까치수영 등의 꽃에서 흡밀한다. 외국 문헌에 의하면 유충이 개미와 밀접한 관계를 가지고 있다고 한다.

윗면 ♀

분포 한국, 일본 등지에 분포한다. 우리 나라에서는 남한의 경기도, 강원도 일부 지역, 충청도 일부에 국지적으로 분포하며, 소나무가 많은 저산지 계곡 주변뿐만 아니라 도심의 숲에도 서식하고 있다.

♂ 사진/김성수

윗면 ♂

아랫면 ♂

11. 애기뿔소똥구리 (소똥구리과)
Copris tripartitus Waterhouse

① ♂ ② 우 사진/김성수

형태 몸 길이 14~16mm. 몸은 광택이 강한 검은색으로 생김새는 뿔소똥구리 *Copris ochus*와 닮았으나 훨씬 작다. 수컷은 머리에 위로 솟은 뿔이 뾰족하게 발달하나 암컷에서는 아주 미약하다. 앞다리 종아리 마디 바깥쪽으로 4개의 이빨 모양의 돌기가 있다.

생태 성충은 4월에서 10월 사이에 평지 또는 야산 풀밭의 쇠똥이나 말똥 주위에서 볼 수 있다. 주로 한여름이 시작되기 전에 활동하는데, 특히 섬 지방에 많은 것으로 알려져 있다. 밤에 불빛에 잘 날아온다.

분포 한국, 일본(쓰시마 섬), 중국, 타이완에 분포한다. 우리 나라에서는 전국에 고루 분포하는데, 제주도와 강원도 등 목장 지대 주변에 개체 수가 많다.

12. 왕은점표범나비 (네발나비과)
Fabriciana nerippe (C. et R. Felder)

우   사진/김성수

형태   날개를 편 길이는 62mm 내외로 표범나비류 중에서 가장 크
다. 뒷날개 가장자리의 검은 줄무늬가 'M'자처럼 보여 닮은 종과
다르다 .

생태   6월에서 9월에 걸쳐 연 1회 발생. 암수 모두 엉겅퀴, 개망초,
코스모스 등의 꽃에서 흡밀하나 습지에 모이는 일은 드물다. 성충은

161

윗면 ♂

아랫면 ♂

윗면 ♀

아랫면 ♀

발생 초기에 매우 힘차게 날아다니다가 무더운 여름에는 여름잠을
자고 가을에 다시 활동하는 것을 볼 수 있다. 다른 표범나비류에 비
해 인기척에 민감하나 가을이 되면 행동이 다소 느려진다. 산지의
풀밭에서 쉽게 볼 수 있으나 개체 수는 다른 표범나비류보다 적은
편이다. 식초는 각종 제비꽃류이다.

분포 한국, 일본, 중국, 극동 러시아 등지에 분포한다. 우리 나라에
서는 남한 각지의 저지대나 높은 산지의 양지바른 풀밭이나 숲 가
장자리의 개간된 밭 등에 서식한다. 최근 개체 수가 급격히 감소하
고 있다.

13. 울도하늘소

(하늘소과)

Psacothea hilaris
(Pascoe)

사진/김성수

형태　몸 길이 14~30mm. 몸은 검은 회색에 황백색 무늬가 많다. 더듬이가 매우 길어서 수컷은 몸 길이의 3배에 가깝고 암컷은 2배 내외이다. 앞가슴은 가늘고 긴 편이며, 양 옆에는 돌기가 있다.

생태　성충은 6~9월에 뽕나무의 껍질이나 잎을 갉아먹고, 여름밤에는 불빛에 날아들기도 한다. 유충은 살아 있는 나무를 파먹기 때문에 뽕나무의 대해충이다.

분포　한국, 일본, 중국, 타이완 등지에 분포한다. 우리 나라에서는 울릉도에 주로 서식하는데, 최근에는 누에치기 산업이 쇠퇴하여 뽕나무와 함께 이들의 생존이 위기에 놓여 있다. 경상북도 운문산에서도 채집된 기록이 있다.

163

14. 주홍길앞잡이

(길앞잡이과)

*Cicindela hybrida
nitida* Lichtenstein

사진/김진일

형태　몸 길이 16mm 내외. 몸은 금속성 광택이 있는 청록색이나 머리의 위쪽과 앞가슴등판은 금록색이며, 딱지날개는 보랏빛이 도는 붉은색이다. 딱지날개의 바깥쪽에는 3쌍의 노란색 가로무늬가 있는데, 첫째 번 것은 짧고, 가운데 것은 구부러진 귀후비개 모양이며, 뒤 가장자리의 것은 끝이 둥근 갈고리 모양이다.

생태　성충은 주로 4~5월에 야산 지대에서 활동하나 9월까지 계속 볼 수 있다.

분포　한국(북부·중부), 중국, 시베리아 동부, 티베트 등지에 분포한다. 우리 나라에서는 6·25전쟁 후에도 중부 지방에서 많이 발견되었고, 서울의 여러 지역에서 채집된 기록이 있으나, 1960년대 이후에는 찾아보기 어렵다. 채집지 중 가장 남쪽으로 기록된 곳은 경상북도 문경이다.

사진/김진일

15. 큰자색호랑꽃무지
(꽃무지과)

Osmoderma opicum
Lewis

형태 몸 길이 27~28mm. 몸은 광택이 나는 흑갈색으로, 청동 또는 구릿빛을 띠는 보라색이 감돈다. 딱지날개가 앞가슴등판보다 월등히 넓은 점이 특징이며, 수컷의 앞가슴등판은 암컷보다 넓고 가운데에 2줄의 뚜렷한 세로 융기선이 있다.

생태 성충은 쓰러진 단풍나무류의 구멍 속에 살며, 잡으면 사향(麝香) 냄새가 난다. 일본에서는 유충이 썩은 나무의 부식토 속에서 산다는 기록과 죽은 침엽수의 나무 속을 파먹고 들어가 초여름에 성충이 된다는 기록이 있다.

분포 우리 나라에서는 7~8월에 강원도의 북부 산악 지방에서만 드물게 채집되었다.

무척추 동물

글·사진 / 김원·노분조
윤성명·최병래

1. 귀이빨대칭이 (석패과)
Cristaria plicata (Leach)

사진/최병래

특징　패각은 난원형이며, 전연은 둥글고 뒤로 갈수록 차츰 넓어진다. 후배연은 직선, 후복연은 둥글고, 후연은 좁게 뻗었으나 중앙부가 각지지 않고 둥글다. 각정으로부터 후연에 이르기까지 각이 져 측면과 후배면이 구별된다. 패각은 녹색 또는 황갈색의 각피로 덮여 있고, 앞쪽에는 불규칙한 돌기가 볼록볼록 나 있다. 껍질은 얇고, 내면은 회청색이다. 각장 74mm, 각고 42mm, 각폭(양 각을 합친 폭) 27.5mm 정도이며, 큰 것은 각장 250mm에 이르는 것도 있다. 유기물이 많은 습지에 서식한다.

분포　한국(낙동강), 일본 및 아시아 대륙에 분포한다. 최근 경상남도 김해와 창녕군 우포 늪에 서식하는 것이 확인되었다.

168

2. 나팔고둥 (수염고둥과)
Charonia sauliae (Reeve)

사진/최병래

특징　대형 고둥이며, 패각은 원추형으로 나탑은 높고 위쪽의 나층은 옅은 주홍색을 띠나 아래쪽의 나층에서는 굵은 자갈색의 구름 모양 또는 황백색 무늬가 나륵에 나 있다. 혹 모양의 돌기가 체층의 주연에 2줄 있다. 각구의 내면은 흰색, 외순은 두껍고 바깥쪽으로 약간 벌어져 있다. 종장륵은 넓고, 안쪽에 갈색의 주름이 있다. 안쪽의 축습은 갈색을 띤다. 각고 195mm, 각경 108mm 정도이다.

분포　한국(제주도), 일본, 필리핀 등지에 분포한다. 조간대에서부터 수심 200m 사이의 바위나 자갈밭에 서식하며, 개체 수가 많지 않다. 모양이 아름다워 수집가들에 의해 남획되고 있어 보호할 필요가 있다. 우리 나라에서 *C. tritonis*에 대한 기록이 있으나, 나팔고둥 *C. sauliae* 또는 그 아종 중의 어느 것과 혼동인 것으로 추정된다.

3. 남방방게 (바위게과)
Helice subquadrata (Dana)

사진/김원

특징 갑각의 양 옆 가장자리의 전반부는 볼록하고 후반부는 약간 오목하다. 등면에는 과립들과 짧은 털이 촘촘히 나 있고, 중앙에는 뚜렷한 세로 홈이 있다. 이마는 혀 모양이며 짧다. 눈구멍 뒤에 4개의 이가 있는데, 제3이의 앞부분에서 시작하여 등면에 비스듬히 달리는 과립선은 없고 제4이는 흔적만 있다. 눈 아래 두둑 위에는 16~17개의 불규칙한 과립들이 있는데, 바깥쪽에서부터 첫째와 둘째 번 것은 확실히 떨어져 있으며 반구형이다. 셋째 번 것은 과립 중에서 가장 큰데, 옆으로 길쭉하며, 세로 주름이 많다. 넷째 번 것에서부터 대략 열째 번에 이르는 과립들은 연속되어 있고, 길쭉길쭉하며, 안으로 들어올수록 과립들의 구분이 뚜렷하지 않다. 그 안쪽 과립들은 작고 둥글둥글하며 구분이 뚜렷하다. 수컷의 제7배다리 곁에는 가로 털줄이 없다. 해변, 하구 근처의 진흙바닥에 구멍을 파고 산다.

분포 일본, 타이완, 캐롤라인 제도, 몰러카 제도, 롬복 섬 등에 분포한다. 우리 나라에서는 전라남도 거문도에서 한 차례 보고되었다.

170

4. 두드럭조개 (석패과)

Lamprotula coreana (V. Martens)

사진/최병래

특징 패각은 난원형이며, 각정은 앞쪽에 치우쳐 있다. 갈색의 각피로 덮여 있으며, 성장륵은 불규칙하고 크며, 후배연에서는 특히 거칠다. 패각은 매우 두껍고 단단한데, 교판이 특히 두꺼우며, 복연으로 갈수록 차츰 얇아져서 복연은 날카롭기까지 하다. 주치는 크고 투박하며, 후측치는 길고 좁으며 예리하다. 내면은 은백색이며 광택이 난다. 패각은 진주 양식의 핵으로 이용되었고, 한때 단추의 재료로 이용하기 위하여 대량으로 남획한 적이 있다. 각장 128.5mm, 각고 138.3mm, 각폭 53.9mm 정도이다. 유속이 빠르고 모래와 자갈이 혼합된 바닥에 주로 서식한다.

분포 우리 나라에서는 한강과 대동강에 서식한다. 최근 충청북도 옥천에 서식하는 것이 확인되었으며, 전라남도 보성강에서도 채집되었다.

5. 칼세오리옆새우 (옆새우과)

Gammarus zeongogensis Lee & Kim

그림/환경부 자료 모사

특징　몸은 좌우로 납작한 편이며, 살아 있을 때의 몸 색깔은 연한 갈색이다. 성체의 크기는 길이 1.3cm 정도이다. 제1촉각의 길이는 몸 길이의 반보다 조금 길며, 제2촉각의 채찍마디에 칼세오리를 가지고 있다. 산간 계곡의 1급수 지역의 돌 밑이나 물에 잠긴 활엽수 밑에 서식한다.

분포　한국 고유종이며, 경기도 전곡과 인천 백령도에 분포한다.

1. 갯게 (바위게과)

Chasmagnathus convexus De Haan

사진/김원

특징　갑각의 윤곽은 양 옆 가장자리가 볼록한 사각형인데, 그 길이는 너비의 10/13 정도이다. 이마는 그 가장자리가 둥그스름하고, 아래쪽으로 매우 기울었다. 등면에는 깊은 세로 홈이 달리는데, 이 홈은 가운데 위 구역에까지 뻗는다. 눈구멍 뒤 가장자리는 뚜렷한 두둑을 이룬다. 갑각의 옆 가장자리는 매우 볼록하고 눈뒷니를 포함하여 4개의 넓은 이가 있는데, 맨 뒤의 것은 구분이 뚜렷하지 않다. 제1~3이는 판자 모양으로 돌출하여 위쪽으로 비스듬히 꺾였고 털이 없다. 뒤 가장자리는 곧은 편이다. 갑각의 등면 앞부분과 뒤 옆 부분이 매우 기울어서 볼록하고, 전면이 짧은 털로 덮였다. 하구 가까이의 도랑, 습지에서 구멍을 파고 산다.

분포　일본, 오키나와, 타이완 등에 분포한다. 우리 나라에서는 전 해역에서 1970년대 이전에 채집된 기록이 있으나 그 후 추가로 보고된 바 없다.

173

2. 검붉은수지맨드라미 (곤봉바다맨드라미과)
Dendronephthya suensoni (Holm)

사진/노분조

특징 군체는 두 갈래로 나누어진 덩어리 모양이다. 군체 중 큰 것은 높이 10cm, 너비 5.9cm, 두께 4.5cm, 주줄기의 길이 3.6cm 정도이다. 곁가지는 실린더 모양이며, 가장 아랫부분의 기부는 잎사귀 모양이다. 잔가지의 끝에는 10~12개의 폴립 덩어리가 배열되어 있다. 화두(폴립머리)는 길이 0.96~0.99mm, 너비 0.84~0.91mm이고, 폴립자루는 길이 0.43~0.56mm로 둔각에 나 있다. 화두의 포인트는 멀리 떨어져 있고, 화두 측면에는 지지골편 다발이 약 0.7mm의 길이로 돌출해 있다. 화두식 : Ⅳ = 1P + (4~6) r + 0 cr + 중간 S. B. + (1~2) M. 폴립은 검붉은색, 폴립자루 쪽은 붉은색, 곁가지는 오렌지색, 가지와 주줄기는 흰색, 줄기의 기부는 어두운 흰색이다.
분포 한국(전라남도 홍도 · 제주도 서귀포), 일본의 사가미 만에 분포한다.

3. 기수갈고둥 (갈고둥과)

Clithon retropictus (V. Martens)

사진/최병래

특징 패각은 작고 구형에 가까우며, 껍질은 두껍고 단단하다. 체층은 크고 나탑은 낮고 작다. 견각은 둥글고, 각구는 반달 모양이다. 내순은 곧으며, 중앙부에 치상돌기가 몇 개 있는데, 그 중 한 개가 특히 발달하였다. 활층은 넓고 편평하다. 패각은 갈색의 각피로 덮여 있다. 석회질의 뚜껑은 각구를 덮어 막을 수 있으며, 바깥 표면은 매끈하나 안쪽 내연은 얕게 패어 있고, 내면에는 긴 석회질의 돌기가 나 있다. 각고 13.5mm, 각경 12.4mm 정도이다. 기수에 서식하나 담수, 염분이 낮은 하천의 하구 가까이에도 산다.

분포 우리 나라에서는 유일하게 전라남도 장흥군 수문리에서만 채집되고 있다. 7~8월경에 바위나 패각 위에 타원형의 황백색 알주머니를 붙인다.

4. 긴꼬리투구새우 (투구새우과)

Triops longicaudatus (LeConte)

사진/윤성명

특징 몸은 원통형으로, 살아 있을 때에는 짙은 초록빛을 띠며, 36~37개의 마디로 이루어져 있다. 등 쪽에 몸의 반 이상을 덮는 투구 모양의 갑각이 있으며, 갑각의 앞쪽 등면 중앙 부위에 1쌍의 커다란 눈이 있다. 촉각은 아주 작게 퇴화되어 있으며, 가슴과 배에는 각각 11쌍 및 17~19쌍의 다리들이 있는데, 앞의 2쌍의 가슴다리를 제외한 모든 다리들은 나뭇잎 모양이다. 꼬리마디의 등 쪽에는 4개의 가시군이 있으며, 그 뒤쪽으로 가늘고 긴 1쌍의 꼬리채찍이 뻗쳐 있다. 성체의 경우 꼬리채찍을 제외한 몸 길이는 2.5~3cm이다. 민물의 일시적인 웅덩이와 같은 불안정한 곳에 서식한다.

분포 원산지는 중앙 아메리카이다. 유라시아에서는 한국, 일본, 중국 동북 지방에 분포하는 것으로 추정된다. 그 밖에 서인도 제도, 갈라파고스 제도, 하와이 제도에 분포한다. 우리 나라에서는 남부 지방의 논못자리나 모내기 전 물을 대어 놓은 논에서 아주 드물게 발견된다. 모내기 이후에는 곧 소멸된다.

176

사진/노분조

5. 깃산호
(폴립산호과)

Plumarella spinosa
Kinoshita

특징　군체는 높이 15cm, 너비 8.8cm 정도이며, 깃 모양으로 완전한 일평면상이고, 기부가 없다. 가지는 길이 45~85mm로 50° 각도로 분지한다. 골축은 납작하게 가지치고, 광택이 나는 줄이 있으며 단단하다. 잔가지는 길이 20~25mm이고, 50mm 내에 15개 정도가 난다. 폴립은 높이 0.6~0.9mm, 지름 0.3~0.5mm이고, 10mm 내에 11~14개가 배열되어 있다. 폴립 가장자리에는 3~4개의 극이 돌출하고, 폴립의 등 쪽에는 6개, 배 쪽에는 3개 정도의 인편상 골편이 겹쳐서 배열되어 있다. 폴립은 어긋나고, 잔가지 사이에는 3개 정도 나 있다. 가장자리 인편은 안쪽에 혹 모양의 돌기가 있고 바깥쪽에 길이 약 0.35mm의 극이 나 있다. 골편은 모두 무색, 군체는 흰색, 골축의 아랫부분은 황갈색, 윗부분은 황백색이다.

분포　한국(제주도 · 비양도 · 갈도), 일본의 사가미 만, 베링 해에 분포한다.

177

6. 대추귀고둥 (대추귀고둥과)
Ellobium chinense (Pfeiffer)

사진/최병래

특징　패각은 방추형이고 두꺼우며, 갈색의 각피로 덮여 있다. 나탑은 작고 원추형이다. 체층이 커서 각고의 4/5를 차지하고, 각구는 각고의 2/3 정도에 이른다. 성장맥은 굵고, 체층을 비롯한 각층에 세로로 나 있다. 각구는 좁고 상하로 길며, 항문구 쪽은 좁고 앞쪽은 둥글고 넓다. 내순은 흰색, 축순에 이빨 모양의 돌기가 1개 있다. 각고 34mm, 각경 17mm 정도이다.

분포　서해안의 개펄 중에서 민물의 영향이 많은 곳에 서식한다.

178

7. 둔한진총산호
(총산호과)

Euplexaura crassa
Kükenthal

사진/노분조

특징　내부 골축은 약간의 석회 성분을 가진 각질로 구성되어 있으며, 가지는 굵은 편이다. 수평골편과 수렴골편은 불명확하고 불규칙하다. 기부가 없는 군체는 일평면상으로 분지되어 있으며, 높이 11.5cm, 너비 6cm 정도로 아주 단단하다. 주가지는 약 10mm 간격을 두고 이차상으로 분지하고, 지름 약 4.5mm이다. 옆가지와 잔가지는 지름 4.2mm에 달한다. 폴립은 두께 약 1.5mm의 공육 속으로 완전히 퇴축하며, 거의 2mm 간격으로 배열되어 있다. 화두의 골편 배열은 3~4쌍의 수렴골편뿐인데, 위쪽의 1~2쌍은 수직으로, 아래쪽의 2쌍은 경사져 배열되어 있다. 각 부위의 골편은 무색, 군체는 베이지색, 폴립은 황갈색, 골축은 갈색이다. 또, 군체에는 생식선이 발달되어 있다.

분포　한국(부산 오륙도·남해), 일본의 사가미 만에 분포한다.

179

8. 망상맵시산호
(측뾰족산호과)
Plexauroides
reticulata (Esper)

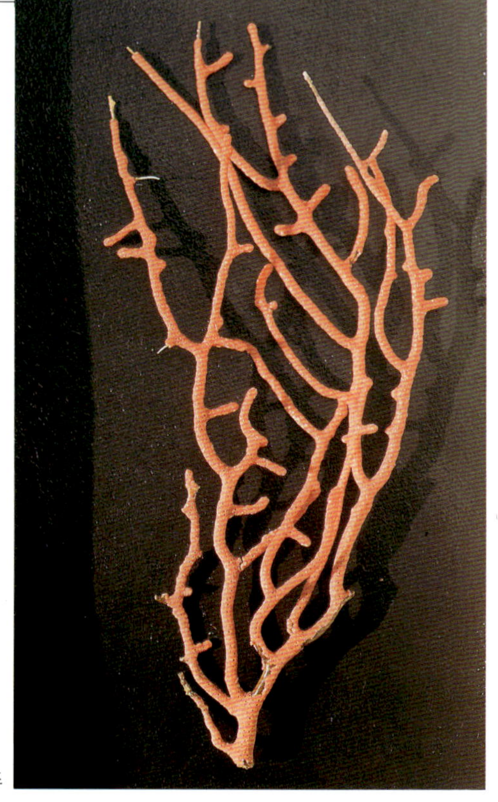

사진/노분조

특징 군체는 하나의 주줄기로부터 여러 번 교차하여 분지하고, 각 가지들은 곧으며 서로 유합하지 않는다. 군체는 높이 19cm, 너비 8cm 정도로 부채 모양이고, 일평면상을 이룬다. 분지한 가지는 주가지에 비해 아주 짧다. 폴립은 낮은 악부 속에 퇴축해 있고, 납작하며, 골편은 없다. 군체는 붉은색, 폴립은 흰색, 골축의 밑부분은 광택이 나는 흑갈색이고 윗부분은 황갈색이다.
분포 한국(제주도 서귀포), 일본의 기이 반도, 토러스 해협, 말레이 반도, 인도양의 실론 등지에 분포한다.

9. 밤수지맨드라미 (곤봉바다맨드라미과)

Dendronephthya castanea Utinomi

사진/노분조

특징 군체는 산형화형이고 약간 납작하며, 높이 2.3~3.4cm, 너비 2.5~4cm, 두께 2.3~2.5cm이다. 주자루는 길이 1.6cm이며, 가장 아랫부분의 가지는 잎사귀 모양으로 넓게 퍼져 있고, 가장 끝 잔가지는 5~10개의 폴립 덩어리를 가지고 2차 분지를 한다. 화두는 길이 0.73mm, 너비 0.66mm 정도로 둔각에 나 있다. 화두 측면의 지지골편 다발은 아주 잘 발달하여 화두에서 길이 1.5~2.0mm만큼 떨어져 돌출해 있으며, 2~3개의 방추형 골편으로 되어 있다. 폴립자루의 배 쪽은 길이 약 0.29mm의 가는 방추형 골편으로 약간 무장해 있다. 화두식 : $\mathrm{IV} = 1P + (1 \sim 3)\, r + 0\, cr + 강한\ S.B. + (1 \sim 1.5)\, M$. 끝가지와 화두는 오렌지색, 주자루는 흰색, 자루의 기부 부위는 회색, 촉수와 화두는 붉은색이다.

분포 일본의 기이 반도, 오시마 반도, 타나베 만에 분포하고, 우리나라는 제주도 서귀포에서 발견된다.

10. 별혹산호
(회초리산호과)

Verrucella stellata
Nutting

사진/노분조

특징　군체는 높이 11.5cm, 너비 3cm 정도이며, 일평면상으로 아름다운 선홍색이다. 가지는 2.3~3mm 간격으로 분지하나 분지가 많지 않고, 옆가지는 가늘고 길며, 유착하지 않고 2차 분지한다. 주가지는 지름 4~5mm, 옆가지는 지름 1.5~2mm, 잔가지는 지름 1.3~1.5mm이다. 골축은 단단하고 둥근 원통형이다. 악부는 혹 모양으로 낮고, 높이 0.5~0.7mm, 지름 1.0~1.5mm이며, 주가지에서는 2.5~3.0mm 간격으로 전 표면에 배열되다가 말단 가지에서는 4열로 열을 짓는다. 군체의 축수와 골축은 흰색이며, 골편의 축수는 무색, 폴립은 붉은색이다.

분포　한국(제주도 서귀포), 인도양, 태평양의 말레이 반도 부근에 분포한다.

11. 붉은발말똥게 (바위게과)
Sesarmos intermedius (De Haan)

사진/김원

특징 갑각의 등면은 볼록하며, 각 구역을 구분하는 홈은 뚜렷하고, 옆 가장자리에는 눈뒷니의 뒤쪽에 뚜렷한 1개의 이가 있다. 이마는 너비가 넓고 아래로 기울었으며, 매우 작은 가운데 입과 옆의 매우 넓은 2개의 이로 나뉜다. 집게다리의 손바닥 윗면에는 빗 모양의 두둑이 없고 긴 마디의 안쪽에 짧은 센털 줄이 있다. 걷는다리의 긴 마디 앞모서리 끝에 1개의 이가 있고, 제4걷는다리를 제외하고 긴 마디의 주위에 흑갈색의 센털이 나 있다. 손이 빨갛고 아름답다. 해변 또는 하구 가까이의 습지 또는 숲 속에 산다.

분포 일본, 타이완, 홍콩, 메르귀 제도에 분포하는 것으로 알려져 있다. 우리 나라에서는 1941년 일본 학자 가미타가 의산(전라남도 무안군), 대천(충청남도 대천), 신창(충청남도 아산 근처), 개소리(경기도 화성군)에서 보고한 바 있으나 그 후 학술적으로 보고된 적이 없다.

12. 선침거미불가사리 (침거미불가사리과)
Ophiacantha linea Shin et Rho

사진/노분조

특징　등 쪽의 반(盤)은 오각형이며, 끝이 3~4 갈래로 갈라진 극(棘)으로 덮여 있다. 반의 지름은 3.8~6.8mm, 완의 길이는 13.2~22.5mm이다. 폭순은 완전히 극으로 덮여 있고, 간폭부도 반과 같은 극으로 덮여 있으며, 생식공은 길다. 구순은 마름모꼴이고 길며, 측구판은 삼각형이다. 구극은 3개로 길고, 바깥쪽의 것은 크고 넓다. 등 쪽의 완판은 삼각형으로 떨어져 있으며, 배 쪽의 완판은 육각형으로 줄무늬가 뚜렷하다. 측완판은 크고 배 쪽의 완판과 비슷한 줄무늬가 있다. 완의 기부에 있는 완극은 9~11개인데, 이 중 등 쪽의 3~4개는 매끄러우나 배 쪽의 5~7개는 거칠다. 축수인은 1개이고, 아주 크며, 끝부분이 톱니를 이룬다. 알코올 속에서 엷은 갈색을 띠며, 반의 중앙과 폭순에는 진한 밤색 무늬가 있고, 완에는 진한 밤색의 띠가 있어 특징적이다.

분포　우리 나라의 남해 여수와 제주도의 범섬, 문섬, 서귀포 등지에서 수심 50~100m까지 분포한다.

13. 연수지맨드라미 _(곤봉바다맨드라미과)
Dendronephthya mollis (Holm)

사진/노분조

특징 군체는 두 갈래로 나누어진 덩어리 모양이며, 높이 8.8cm, 너비 9.4cm, 두께 2.2cm, 주줄기 길이는 1.7cm 정도이다. 잔가지 끝에는 10~12개의 폴립 덩어리가 배열되어 있다. 화두는 길이 3.3mm, 너비 0.95mm 정도로 둔각에 나 있다. 포인트 끝 지지골편 중 하나는 화두에서 멀리 뚜렷하게 돌출해 있다. 화두의 측면에는 지지골편 다발이 아주 잘 발달되어 있고, 화두로부터 약 1mm 길이로 돌출해 있다. 화두식 : IV = 1P + (3~4) r + 0 cr + 아주 강한 S.B. + 2M. 폴립은 붉은색, 가지는 노란색, 줄기는 크림색, 촉수는 무색이다.

분포 한국(제주도 위미리), 일본, 자바 섬에서 발견된다.

14. 유착나무돌산호 (나무돌산호과)

Dendrophyllia cribrosa M. Edw. et H.

사진/노분조

특징　군체는 나무 모양으로 이웃 가지와 유착해 있고, 가장 큰 것은 높이 30cm, 너비 45cm, 두께 30cm 정도이다. 불규칙하게 가지를 치며, 가지는 두껍고 실린더 모양이다. 가지의 기부는 두께가 21mm×16mm이고, 중간 부분은 18mm×16mm, 잔가지는 6mm×5mm이다. 협(석회환)은 둥글고, 지름 4.5∼6mm이며 아주 올라와 있다. 격벽은 5방사강 내에 배열되어 있고, 벽 가까이의 4차 격벽은 퇴화되었다. 협 외벽의 늑골맥은 뚜렷하고, 간늑골맥은 깊이 2∼3mm로 다공질이다. 축주는 난형으로 빈약하며 약간 올라와 있다. 알코올 속에서는 짙은 자주색을 띤다.

분포　한국(진도 · 남해도의 상주 · 미조리 · 노화도 · 동해안의 축산), 일본의 동경 만, 사가미 만에 분포한다.

186

15. 의염통성게 (염통성게과)

Pseudomaretia alta (A. Agassiz)

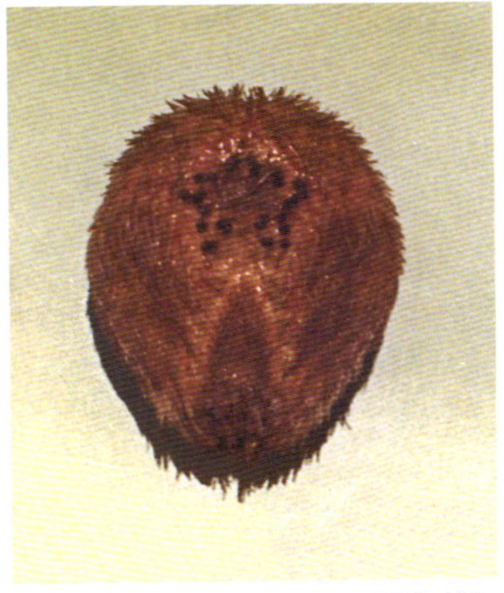

사진/노분조

특징 각은 얇고 등 쪽이 볼록하며 배 쪽은 평평한 중형의 성게류
이다. 각장 63mm, 각폭 55mm, 각고 27mm 정도이며, 정중선으로부
터 뒤쪽으로 융기해 있다. 위에서 보면 타원형에 가까우나 뒤쪽이
약간 좁다. 전보대는 함입이 미약하고 각의 표면과 거의 수평이다.
화문(보대)은 기부가 높고 끝으로 가면서 좁아지며 끝부분이 열려
있다. 전보대는 후보대보다 짧고, 보대공(관족공)은 5~6쌍이 뚜렷
하나 기부의 것은 흔적만 있다. 보대공이 없는 부분은 너비가 넓고
함입해 있지 않다. 보대공은 크며 얕은 홈으로 접해 있고, 엽문과
전화문 사이 보대는 매우 좁다. 위구부는 반달 모양이고, 구부 측
면의 후보대는 너비가 좁고 거의 직선으로 돌출해 있으며, 보대판
은 긴 사각형으로 규칙적으로 배열되어 있다.

분포 일본, 남중국해, 말레이 반도, 인도양에서 보고되고 있다. 우
리 나라에서는 제주도 서귀포에서 발견되고, 조하대에서부터 수심
200m에 서식한다.

16. 자색수지맨드라미 (곤봉바다맨드라미과)
Dendronephthya pütteri Kükenthal

사진/노분조

특징　군체는 높이 5.8～7.3cm, 너비 4.2～6.2cm, 두께 2.5～3.6cm로 약간 납작하고, 주자루의 길이는 1.9～2.7cm이다. 잔가지 끝에는 10 ～13개의 폴립 덩어리가 배열되어 있고, 가장 아랫가지의 기부는 잎 사귀 모양이다. 화두는 길이 0.99～1.04mm, 너비 0.92～0.98mm, 폴립 자루는 길이 약 1mm로 둔각에 나 있다. 화두의 측면에는 지지골편 다발이 잘 발달해 있는데, 화두에서 1mm 정도 돌출해 있으며, 3개 의 큰 방추형 골편으로 구성되어 있다. 화두식 : Ⅳ = 1P + (3～4) cr + 강한 S.B. + 1M. 촉수는 붉은색, 화두와 폴립은 검붉은색, 잔가지 끝 은 노란색, 줄기와 가지는 흰색이다.

분포　한국(제주도 서귀포), 일본의 사가미 만, 필리핀의 레가스피 만 에 분포한다.

17. 잔가지나무돌산호 (나무돌산호과)
Dendrophyllia micranthus (Ehrenberg)

사진/노분조

특징 군체는 나무 모양으로, 큰 것은 높이 12.5cm, 너비 3.8cm, 두께 2.7cm 정도이다. 개체는 원통 모양이며, 2열로 각각 반대쪽을 향해 분지한다. 협은 원형 또는 난형으로 지름 8.5×7.0mm~10.0×8.0mm, 길이 4.0~6.0mm이다. 2차 협은 가지의 앞뒤에 나 있고, 지름 7.5× 6.5mm~8.0×6.5mm, 길이 8.0~16.0mm이며, 협은 길이 5.0~8.0mm로 비교적 깊다. 협의 외벽에는 가는 과립으로 덮인 늑골맥이 있고, 간 늑골맥의 홈 속에도 뚜렷한 과립의 열이 있다. 격벽은 4차 배열로 1 차와 2차 격벽은 매끈하며, 그 측면은 불규칙하게 흩어진 과립들로 덮여 있다. 3차와 4차 격벽은 치상으로 아주 작고, 4차는 3차 격벽 의 앞쪽에서 합해져 있다. 축주는 2~3개의 소주를 가지고 있고, 협 의 밑쪽에서 돌출해 있다. 외협은 없고, 알코올 속에서 회색을 띤다.
분포 한국(제주도 서귀포), 일본, 필리핀, 피지 섬, 무라이 섬, 홍해 등에 널리 분포한다.

18. 장수삿갓조개 (구멍삿갓조개과)

Scelidotoma vadososinuata hoonsooi Choe, Yoon et Habe

사진/최병래

특징 패각은 긴 난형이며 단단하고 황백색이다. 앞쪽은 낮고 끝이 좁으며, 뒤쪽은 약간 불룩하고 넓다. 각정으로부터 약 20줄의 굵은 방사륵(세로줄)이 있고, 그 사이사이에 1~3줄의 가는 방사륵이 있다. 패각의 전 표면에 있는 가늘고 거친 성장맥은 방사륵과 교차하여 거칠게 보인다. 내면은 흰색이나 광택이 없다. 근혼은 얕고 광택이 나며 말굽 모양이다. 각고 9.65mm, 각구 장경 39.65mm, 각구 단경 27.05mm 정도이며, 서해안의 수심 약 10m의 바위에 붙어 산다.
분포 충청남도 외연 열도의 횡견도에서 보고된 이후 타 지역에서 보고된 적이 없는 희귀종이다.

19. 진홍나팔돌산호 (나무돌산호과)
Tubastraea coccinea (Hemprich et Ehrenberg)

사진/노분조

특징 나무 모양의 군체로서 피각 모양이고, 높이 5.5~6.3cm, 너비 70~75cm, 두께 5.8~7.3cm이다. 가지는 약간 길고, 앞뒤 서로가 좁은 각도로 나 있다. 협은 원형이고, 지름 6.5×6.5mm~15×12mm이며 깊다. 새로 난 협은 이전의 협에 대칭으로 위치한다. 격벽은 규칙적이고, 4차 배열이 완전하며, 어떤 협은 5차 배열이 발달되어 있다. 격벽의 위쪽 끝은 협벽 위로 돌출하지 않는다. 축주는 해면 모양으로 가늘고 길게 발달해 있고, 지름 3×1.2mm~6×3mm의 직사각형이다. 협의 외벽에는 알맹이 모양의 돌기가 빽빽히 나 있다. 살아 있을 때에는 오렌지색이나 붉은색의 폴립을 낸다. 물이 맑고 흐름이 빠른 외해로 면한 암초의 단애면에 서식하며, 총산호류와 함께 군생하는 경우가 많다.

분포 한국(제주도 서귀포), 일본의 사가미 만 이남의 따뜻한 곳에 분포한다.

191

20. 착생깃산호
(폴립산호과)

*Plumarella
adhaerans* Nutting

사진/노분조

특징 군체는 부채 모양이며, 높이 15.5~16cm, 너비 10.5~20cm이고, 50~70° 각도로 분지한다. 잔가지는 50mm 내에 14~17개가 어긋나고, 길이 20~35mm이다. 골축은 아랫부분이 지름 약 2.5mm로 납작하고, 석회질을 가진 각질로 단단하다. 폴립은 길이 0.8~1.0mm의 원통형이며, 줄기와 가지들의 양축 10mm 내에 11~13개가 어긋난다. 폴립의 등 쪽에는 5~6개, 배 쪽에는 2~3개의 인편상 골편이 겹쳐서 배열해 있고, 가장자리 인편의 극은 길이 약 0.25mm이다. 각 부위의 골편은 무색, 군체는 흰색, 골축의 아랫부분은 갈색, 윗부분은 광택이 나는 밝은 노란색이다.

분포 한국(제주도), 일본의 사가미 만, 미사키, 오키노 등지에서 발견된다.

21. **참달팽이** (달팽이과)

Koreanohadra koreana (Pfeiffer)

사진/최병래

특징　패각은 얇고 낮은 원반형이다. 나층은 5층으로, 각고 14mm, 각경 29mm 정도이며, 성체 중에서 큰 개체는 각고가 18mm에 이르는 것도 있다. 체층은 커서 패각의 대부분을 차지하며, 주연은 둥글다. 봉합은 얕으나 선명하다. 각피는 미색으로 황갈색을 띠며, 체층에 굵은 갈색 줄이 있는 것도 있다. 각구 외순은 타원형이고 축순은 약간 밖으로 젖혀져 있다. 패각 전 표면에 방사맥이 비스듬히 나 있다. 제공은 좁고 깊다. 북한산달팽이 *K. kurodana*와 비슷하나 참달팽이의 나탑이 약간 낮으며, 제공이 축순에 의해 덮이지 않았다. 돌담 위나 잡목 위에 서식한다.

분포　한국 고유종이며, 전라남도 홍도에 서식한다.

22. 측맵시산호
(측뾰족산호과)
Plexauroides
complexa Nutting

사진/노분조

특징　군체는 하나의 주줄기로부터 교차하여 분지하고, 가지들은 곧으며, 서로 유착하지 않는다. 군체는 높이 11cm, 너비 8.5cm 정도이고, 첫 가지는 주줄기로부터 7mm 정도의 높이에서 직각으로 분지한다. 옆가지는 5mm 간격으로 서로 평행하게 펼쳐져 있다. 공육의 골편은 한쪽 끝에 가시 모양의 돌출부를 가진 뚱뚱한 방추형이다. 군체는 검붉은색, 폴립은 흰색, 골축의 밑부분은 광택이 나는 갈색, 윗부분은 황백색이다. 골편의 화두는 무색, 줄기의 외피는 붉은색이다. 군체에는 태형동물과 환형동물이 부착해 있다.

분포　한국(제주도 서귀포), 일본, 인도양, 태평양의 뉴기니에 분포한다.

194

23. 해송 (해송과)
Antipathes japonica Brook

사진/노분조

특징　큰 군체는 높이 125cm, 너비 100cm, 두께 9cm 정도이고, 주줄기의 기부 지름은 2cm에 달한다. 어린 군체는 깃 모양으로 비교적 일평면으로 분지한다. 가지의 길이는 변이가 많고, 최후의 가지는 길이 10~22mm로 4~12mm의 긴 깃을 가지고 있다. 이 깃의 배열 양식은 아주 독특한데, 최후 가지에 대해 45~55° 각도이나 줄기와는 거의 수평면이다. 극은 길이 $165 \times 45\mu m \sim 255 \times 65\mu m$로 골축의 모든 면에 분포하고, 5종렬로 배열되어 있다. 폴립은 가지의 한 표면에만 제한되어 나고, 가지와 직각으로 향해 있다. 둥근 입술은 336~395mm이며, 구구는 하나의 길쭉한 입을 가지고 있고, 손가락 같은 촉수가 나 있다. 골축은 흑갈색, 폴립과 공육은 흰색이다.

분포　한국(제주도의 범섬·서귀포·가파도), 일본의 사가미 만, 에노시마, 타이완 등지에서 발견된다.

24. 흰수지맨드라미 (곤봉바다맨드라미과)
Dendronephthya alba Utinomi

사진/노분조

특징   군체는 두 갈래로 나누어진 덩어리 모양으로 납작한 편이며, 높이 3.8cm, 너비 4.8cm, 두께 18mm 정도이다. 주가지에는 많은 잔가지가 있으며, 잔가지 끝에는 7~10개의 폴립 덩어리가 배열되어 있다. 둔각에 나 있는 화두는 길이 0.8~1.0mm, 너비 0.7~0.9mm이고, 폴립자루는 길이 1.46~1.61mm이다. 화두 측면에는 지지골격 다발이 아주 잘 발달되어 있고, 화두에서 0.73~1.32mm 길이로 떨어져 돌출해 있으며, 1개의 방추형 골편으로 되어 있다. 화두식 : Ⅳ = 1P + (4~6) r + 0 cr + 아주 강한 S.B. + 많은 M. 골편은 모두 무색이고, 군체는 완전히 흰색이다.

분포   한국(제주도 서귀포), 일본의 기이 반도, 오시마 섬에 분포한다.

육상 식물

글 / 현진오
사진 / 김철환 · 문순화 · 송기엽
이경서 · 이영노

노랑붓꽃

1. 광릉요강꽃(광릉복주머니란) (난초과)
Cypripedium japonicum Thunb.

사진/현진오

분포　강원도, 경기도, 전라북도. 세계적으로 일본, 중국에 분포
특징　숲 속에 자라는 여러해살이풀. 뿌리줄기는 옆으로 길게 뻗으며 마디가 있고, 마디에서 뿌리와 새싹이 돋는다. 줄기는 높이 15～30cm로 곧추서며 털이 있다. 잎은 2장이 어긋나서 줄기를 감싼다. 꽃은 5～6월에 꽃자루 끝에 1개씩 피며, 노란색이 도는 흰색이다. 순판은 주머니 모양이며, 흰색 바탕에 보라색 큰 반점이 있다. 꽃자루 윗부분에 잎처럼 생긴 포가 1장 달린다. 잎 모양 때문에 치마난초라고도 한다.
용도　관상용

198

2. 나도풍란 (난초과)

Sedirea japonica (Lindenb. et Rchb. fil.) Garay et Sweet

사진/문순화

분포   경상남도(거제도 · 남해도), 전라남도(흑산도 · 보길도 · 진도 · 해남 · 홍도), 제주도. 세계적으로 타이완, 일본, 중국에 분포

특징   남부 지방의 상록수나 바위 겉에 붙어 자라는 늘푸른여러해살이풀. 뿌리는 굵다. 잎은 3~5장이 2줄로 달리며, 두껍다. 길이 8~15cm, 너비 약 2cm인 긴 타원형으로 끝은 오목하게 들어가 있다. 꽃은 6~8월에 5~15cm의 꽃줄기에 4~10개가 총상 꽃차례로 달리며, 연녹색에 연한 붉은색 반점이 있다. 꽃잎은 꽃받침보다 짧으며, 순판은 꽃받침과 비슷한 길이로 3개로 갈라진다.

용도   관상용

3. 만년콩 (콩과)

Euchresta japonica Hook. fil. ex Regel

사진/문순화

분포　제주도. 세계적으로 일본에 분포

특징　계곡의 상록수림 밑에 자라는 늘푸른작은떨기나무. 높이 30~ 80cm이며, 줄기 밑부분은 종종 비스듬히 눕고, 밑부분에서 가지가 갈라지기도 한다. 잎은 어긋나며, 작은잎 3장으로 이루어진 겹잎이다. 작은잎은 길이 5~8cm, 너비 3~5cm로 표면은 짙은 녹색이고 뒷면은 흰빛이 돈다. 뒷면에 연한 갈색 털이 있으며, 가장자리는 밋밋하다. 꽃은 5~7월에 총상 꽃차례로 다닥다닥 피며, 길이 10~ 13mm이고 흰색이다. 열매는 장과처럼 되는 협과로, 길이 18~20mm, 지름 10mm의 타원형이고, 9~11월에 짙은 남자색으로 익는다.

용도　약용(뿌리), 관상용

200

4. 섬개야광나무 (장미과)
Cotoneaster wilsonii Nakai

사진/현진오

분포 경상북도(울릉도). 한국 특산
특징 울릉도 바위 지대에 드물게 자라는 갈잎떨기나무. 높이 약 1.5m로 새로 난 가지에는 털이 있다. 잎은 어긋나며, 표면은 녹색, 뒷면은 털이 많다. 잎 가장자리는 밋밋하며, 잎자루는 길이 약 2.5mm로 털이 있다. 꽃은 5~6월에 피며 흰색이다. 꽃잎은 5장으로 둥글고, 길이 약 3mm이다. 수술은 꽃잎보다 짧고, 암술대는 2개이다. 열매는 둥근 이과로 길이 약 6mm이며, 9~10월에 붉게 익는다.
용도 관상용

꽃

5. 암매(돌매화나무) (암매과)
Diapensia lapponica L. var. *obovata* F. Schmidt

사진/문순화

분포 제주도. 세계적으로 러시아, 북아메리카, 일본에 분포
특징 한라산 정상부의 바위 겉에 매우 드물게 자라는 늘푸른작은떨
기나무. 뿌리줄기는 옆으로 길게 뻗는다. 줄기는 바위 겉에 누워 자
라며, 가지가 많이 갈라진다. 잎은 주걱 모양으로 가장자리가 약간
뒤로 말리며, 잔가지에 다닥다닥 붙어서 마른 잎도 오래도록 떨어지
지 않는다. 꽃은 6~7월에 가지 끝에서 나온 꽃자루에 피며, 지름
1.5cm의 흰색으로 종 모양이다. 꽃받침잎은 5장이고 긴 타원형이다.
열매는 둥그스름한 삭과로 지름 약 3mm이다.
용도 관상용

202

6. 죽백란 (난초과)
Cymbidium lancifolium Hook.

분포 제주도. 세계적으로 타이완, 인도, 일본, 중국에 분포

특징 상록수림 밑에 매우 드물게 자라는 늘푸른여러해살이풀. 위구경은 염주 모양으로 늘어선다. 잎은 1~3장이 밑에서 나며, 잎자루를 포함해 길이 20~30cm, 너비 2~3cm이다. 가죽질이고 윤이 나며 가장자리에 가는 톱니가 있다. 꽃은 녹색으로 6~8월에 길이 10~15cm의 꽃줄기 끝에 2~4개가 핀다. 잎 가장자리에는 톱니가 없으며, 꽃이 10~11월에 피는 녹화죽백란 *C. javanicum* Blume var. *aspidistrifolium* (Fukuy.) F. Maek.을 이 종에 포함시키는 경향이 있다.

용도 관상용

7. 풍란 (난초과)
Neofinetia falcata (Thunb.) Hu

사진/송기엽

분포　경상남도(거제도 · 남해도 · 통영), 전라남도(거문도 · 돌산도 · 완도 · 진도 · 흑산도), 제주도. 세계적으로 타이완, 일본, 중국에 분포

특징　상록수 줄기나 바위 겉에 붙어 자라는 늘푸른여러해살이풀. 뿌리는 가늘며, 사방으로 길게 뻗는다. 줄기는 짧다. 잎은 단면이 V자형으로 몇 장이 2줄로 마주나고, 길이 5～10cm, 너비 0.6～0.8cm이다. 꽃은 6～8월에 흰색으로 길이 3～10cm의 꽃줄기에 2～5개가 달리고, 향기가 좋다. 순판은 길이 7～8cm로 뒤로 젖혀지고, 끝은 3개로 갈라진다. 거(距)는 가늘고, 길이 약 4cm로 활처럼 휘어진다.

용도　관상용

8. 한란 (난초과)

Cymbidium kanran Makino

사진/문순화

분포 제주도, 전라남도. 세계적으로 일본, 중국에 분포

특징 상록수림 밑에 드물게 자라는 늘푸른여러해살이풀. 잎은 길이 20～50cm, 너비 0.5～1.5cm의 선형이고, 가장자리는 밋밋하다. 꽃은 11～1월에 피며, 길이 20～50cm의 꽃줄기에 5～12개가 총상 꽃차례로 달린다. 녹색이며 향기가 좋다. 꽃받침은 벌어지며 선형이다. 순판은 가운데 꽃받침의 반 정도의 길이로 육질이며, 황백색에 자홍 반점이 있다. 식물종 자체로는 유일하게 천연 기념물 제191호로 지정되었으며, 제주도 자생지는 천연 기념물 제432호로 지정되었다.

용도 관상용

1. 가시연꽃 (수련과)
Euryale ferox Salisb.

사진/현진오

분포　강원도, 경기도, 충청북도, 충청남도, 경상북도, 경상남도, 전라북도, 전라남도. 세계적으로 타이완, 인도, 일본, 중국에 분포

특징　깊은 연못에서 자라는 한해살이 물풀. 전체에 가시가 많다. 뿌리줄기는 짧고, 수염뿌리가 많다. 줄기는 없다. 처음에 물 속에서 나는 잎은 작고, 타원형, 화살 모양, 털이 없다. 나중에 나서 물 위에 뜨는 잎은 원형, 지름 20~120cm, 엽맥 위에 가시가 많다. 잎 표면은 주름지고 윤이 나며, 뒷면은 검붉은색이고 엽맥이 튀어나온다. 잎자루는 길고, 잎 뒷면 중앙에 방패 모양으로 붙는다. 꽃은 8~9월에 긴 꽃줄기 끝에서 1개씩 피며, 밝은 자주색, 지름 3~4cm, 밤에는 오므라든다. 꽃받침은 4갈래, 밑부분이 통 모양이다. 꽃잎은 많다. 수술은 많고, 암술은 8개이다. 열매는 장과처럼 생겼으며, 타원형, 길이 6~7cm, 가시가 있다.

용도　약용(씨), 관상용

2. 가시오갈피나무 (두릅나무과)

Eleutherococcus senticosus (Rurp. et Maxim.) Maxim.

어린 나무　　사진/김철환

분포　강원도, 경상북도, 전라북도, 북부 지방. 세계적으로 러시아, 일본, 중국에 분포

특징　깊은 산에 자라는 갈잎떨기나무. 높이 1~7m이고, 수피는 밝은 회색이며 가로로 갈라진다. 어린 가지에 바늘 같은 가시가 많다. 잎은 어긋나며, 손바닥 모양의 겹잎이다. 작은잎은 5장이며, 길이 6~10cm, 너비 2~4cm로 끝이 뾰족하고, 가장자리에 톱니가 있다. 잎은 표면과 뒷면 맥 위에 털이 있다. 잎자루는 길이 6~15cm이다. 꽃은 6~7월에 산형 꽃차례로 모여 달리며, 보랏빛이 나는 누런 색이다. 꽃받침은 이빨 모양이며, 꽃잎은 5장이다. 수술과 암술은 각각 5개이다. 열매는 지름 8~10mm의 핵과로 8~10월에 검게 익는다.

용도　식용, 약용, 관상용

3. 개가시나무 (참나무과)

Quercus gilva Blume

사진/문순화

분포　제주도. 세계적으로 타이완, 일본, 중국에 분포

특징　산기슭에 자라는 늘푸른큰키나무. 높이 약 30m, 수피는 흑갈색이고 어린 가지에 황갈색 털이 많다. 잎은 어긋나며, 길이 5~13cm, 너비 1.3~3.0cm로 가죽질이다. 가장자리에 예리한 톱니가 있고, 끝은 매우 뾰족하다. 뒷면에 황갈색 털이 많다. 암수 한그루로 4월에 꽃이 핀다. 수꽃 이삭은 길이 5~10cm로 햇가지의 아랫부분에 달리고, 밑으로 처지며, 암꽃 이삭은 햇가지 윗부분의 잎겨드랑이에 3개씩 달린다. 수꽃의 화피는 5장, 수술은 7~10개이다. 암꽃은 털이 많은 총포에 싸이고, 암술대는 3개이다. 열매는 11월에 익으며, 지름약 2cm이다. 깍정이에는 6~7개의 동심원층이 있다.

용도　관상용

4. 개느삼 (콩과)

Echinosophora koreensis (Nakai) Nakai

사진/현진오

분포　강원도(양구), 함경남도, 함경북도, 평안남도. 한국 특산

특징　산기슭, 언덕, 저지대에 자라는 갈잎떨기나무. 땅속줄기에서 새싹이 돋아 여러 줄기가 모여 난다. 높이 50~100cm로 윗부분에서 가지를 많이 친다. 잎은 깃 모양의 겹잎으로 길이 4~6cm이며, 13~27장의 작은잎이 어긋난다. 작은잎은 길이 8~10mm로 표면은 녹색이고 뒷면은 흰빛이 돌며, 가장자리는 밋밋하다. 꽃은 4~5월에 피는데, 줄기 끝 또는 잎겨드랑이에서 나온 길이 3~5cm의 꽃줄기에 여러 개가 총상 꽃차례로 달리며, 노란색이다. 열매는 꼬투리로 되며, 안에 2~3개의 씨가 들어 있다.

용도　관상용

5. 개병풍 (범의귀과)

Astilboides tabularis (Hemsl.) Engl.

사진/문순화

분포 강원도, 중부 이북. 세계적으로 중국에 분포

특징 깊은 산의 습기가 많은 음지에 매우 드물게 자라는 여러해살이풀. 줄기는 높이 약 1m로 곧추서며, 가시 같은 짧은 털이 많다. 뿌리에서 나는 잎은 지름 약 80cm까지 자라, 우리 나라 자생 식물 중에서 가장 크며, 길이 약 1m까지 자라는 긴 잎자루가 방패 모양으로 붙는다. 이 잎은 가장자리가 7갈래로 갈라

꽃

진 후 다시 2~3갈래로 얕게 갈라지며, 잔톱니가 있다. 줄기의 잎은 작다. 꽃은 6~8월에 줄기 끝에 흰색 또는 연한 붉은색으로 핀다. 꽃받침잎은 4~5갈래로 깊이 갈라지며, 꽃잎은 선형으로 4~5장이다. 수술은 8~10개, 암술대는 2개이다. 자생지는 거의 알려져 있지 않다.

용도 약용(잎과 줄기), 식용(어린 잎)

6. 갯대추 (갈매나무과)

Paliurus ramosissimus (Lour.) Poir.

사진/문순화

분포 제주도. 세계적으로 타이완, 일본, 중국에 분포

특징 바닷가에 자라는 갈잎떨기나무. 높이 2~3m이고 가지가 많이 갈라진다. 어린 가지는 회갈색을 띠며 털이 많고, 어린 나무에는 종종 가시가 있다. 잎은 어긋나며, 길이 4~6cm, 너비 2.5~4.5cm로 아랫부분에 3개의 큰 맥이 있고, 가장자리에 둔한 톱니가 있다. 꽃은 지름 약 5mm로 연녹색이며, 7~9월에 어린 가지의 잎겨드랑이에서 나는 취산 꽃차례로 핀다. 꽃받침잎과 꽃잎은 각각 5장이며, 수술은 5개이고 암술은 1개이다. 열매는 지름 12~20mm의 반구형으로 끝에 3갈래로 된 넓은 날개가 있으며, 갈색 털로 덮인다.

용도 관상용

7. 기생꽃 (앵초과)
Trientalis europaea L. var. *arctica* Ledeb.

사진/현진오

분포 강원도(대암산·설악산·태백산), 경상북도(가야산), 경상남도(지리산), 북부 지방. 세계적으로 러시아, 북아메리카, 유럽, 아시아, 일본, 중국에 분포

특징 고산 지대의 능선 초원이나 숲 그늘에 드물게 자라는 여러해살이풀. 흰색 기는줄기가 길게 뻗는다. 잎은 줄기 아랫부분에 달리는 것은 퇴화되어 비늘 모양으로 되고, 윗부분의 것은 5~10장이 모여 달리며, 길이 2~7cm, 너비 1.0~2.5cm이다. 잎 가장자리는 밋밋하며, 끝은 뾰족하거나 약간 둔하다. 꽃은 지름 1.5~2.0cm로 흰색이며, 6~7월에 잎겨드랑이에서 나온 꽃자루에 핀다. 꽃받침잎은 7장으로 좁은 피침형이고, 화관은 7갈래로 갈라져 수평으로 퍼지며, 수술은 7개이다. 열매는 둥근 삭과로 지름 2.5~3.0mm이다.

용도 관상용

212

8. 깽깽이풀 (매자나무과)

Jeffersonia dubia (Maxim.) Benth. et Hook. ex Baker et S. Moore

사진/현진오

분포 강원도, 경기도, 경상북도, 충청북도, 북부 지방. 세계적으로 러시아, 중국에 분포

특징 산지에 자라는 여러해살이풀. 뿌리줄기는 가늘고 길며 옆으로 뻗고 수염뿌리가 많다. 줄기는 없고, 잎은 홑잎으로 여러 장이 밑에서 나는데, 길이 8.0~9.0cm, 너비약 9cm로 신장형이다. 잎의 밑은 심장형이고 가장자리는 물결 모양이다. 꽃은 지름

꽃   사진/문순화

약 2cm로 연보라색이며, 4~5월에 잎이 나오기 전에 핀다. 꽃받침잎은 4장이며, 끝이 뾰족하다. 꽃잎은 6~8장이고, 길이 약 1.2cm로 꽃받침보다 약간 길다. 수술은 8개이며, 꽃밥은 위를 향하고, 익으면 2조각으로 터진다. 씨는 길이 8~10mm의 타원형으로 검은색이고 광택이 난다.

용도 약용(뿌리), 관상용

9. 끈끈이귀개 (끈끈이귀개과)

Drosera peltata Smith ex Willd. var. *nipponica* (Masam.) Ohwi

사진/현진오

분포 전라남도(보길도·월출산·진도·해남). 세계적으로 일본, 중국에 분포. 기본종은 동아시아, 인도, 오스트레일리아에 분포

특징 습지에 드물게 자라는 여러해살이 식충식물. 줄기는 높이 10~30cm로 가늘고, 윗부분에서 가지가 갈라지기도 하며, 아랫부분에 지름 약 6mm의 둥근 뿌리줄기가 있다. 잎은 어긋나며, 뿌리 가까운 쪽에 나는 잎은 꽃이 필 때 없어진다. 줄기에 나는 잎은 길이 2~3mm, 너비 4~6mm로 초승달 모양이다. 잎 표면에 난 긴 샘털에서 점액을 분비하여 벌레를 잡아먹는다. 잎자루는 길이 약 1cm이다. 꽃은 5~7월에 총상 꽃차례를 이루어 2~10개가 피며, 흰색이고 지름 약 1cm이다. 꽃잎은 길이 6~8mm이다. 윗부분의 잎과 마주나는 꽃줄기는 길이 2~6cm이며, 꽃자루는 길이 4~6mm이다. 수술은 5개, 암술은 1개이다. 열매는 삭과로 길이 약 2.5mm이며, 3개로 갈라진다.

용도 관상용

10. 나도승마 (범의귀과)
Kirengeshoma koreana Nakai

사진/현진오

분포 전라남도(백운산·영취산). 한국 특산

특징 남부 지방에 드물게 자라는 여러해
살이풀. 굵은 뿌리줄기가 옆으로 뻗으며,
끝에서 싹이 돋는다. 줄기는 높이 60~
120cm이고 모가 지며 곧추선다. 잎은 마주
나며, 손바닥 모양으로 길이와 너비가 각각
10~20cm, 밑은 심장형이고 끝은 뾰족하다.
가장자리에 톱니가 있다. 잎자루는 아래쪽

꽃

잎의 것은 길지만 위로 올라갈수록 짧아진다. 꽃은 7~9월에 피고,
줄기 끝에 1~5개가 달린다. 꽃받침은 녹색으로 끝이 5갈래로 갈라
지며, 겉에 털이 있다. 화관은 노란색이고 길이 3~4cm, 지름 약 5cm
이다. 수술은 15개로 가장자리의 10개는 길고 안쪽의 5개는 짧다.
암술대는 3개이다. 열매는 삭과로 둥글다. 일본산 *K. palmata* Yatabe
와 같은 종으로 취급하기도 한다.

용도 관상용

11. 노랑만병초 (진달래과)

Rhododendron aureum Georgi

사진/문순화

분포　강원도, 북부 지방의 고산. 세계적으로 러시아, 일본, 중국에 분포

특징　고산 지대에 자라는 늘푸른떨기나무. 줄기는 높이 20~100cm 이고, 누워서 자라며, 마디에 해마다 생기는 비늘조각이 남아 있다. 잎은 가지 끝에 어긋나기로 모여 나며, 길이 3~6cm, 너비 2~3cm 이고 가죽질이다. 잎 가장자리가 뒤로 젖혀져 말리며, 표면은 짙은 녹색, 뒷면은 연두색이고, 잎자루는 길이 1.0~1.5cm이다. 꽃은 6~8 월에 가지 끝에 3~10개가 모여 피며, 옅은 노란색이다. 꽃자루는 길이 2.5~5.0cm이고 갈색 털이 있다. 화관은 깔때기 모양으로 지름 2.5~3.5cm이고 안쪽에 점이 있다. 수술은 10개, 암술대는 1개이다. 열매는 삭과로 9월에 익으며, 길이 약 2cm이다.

용도　약용(잎), 관상용

노랑만병초 군락　　사진/현진오 ▶

216

12. 노랑무늬붓꽃 (붓꽃과)

Iris odaesanensis Y. N. Lee

사진/현진오

분포　강원도(가리왕산 · 오대산 · 태백산), 경상북도(소백산 · 주왕산 · 팔공산). 한국 특산

특징　높은 산 능선 풀밭이나 숲 속에 자라는 여러해살이풀. 줄기는 높이 약 20cm이며 곧추선다. 잎은 칼 모양으로 길이 12~35cm, 너비 1~2cm이며, 10~12개의 맥이 있다. 꽃은 4~6월에 꽃줄기에 2개씩 달리고, 지름은 약 3.5cm이다. 외화피는 흰색으로 보통 안쪽에 노란 줄무늬가 있으나, 전

꽃

체가 흰색에 가까운 개체도 드물게 발견된다. 수술은 3개, 암술은 끝이 3갈래로 갈라진다. 열매는 삭과로 6~8월에 익으며 삼각형이다.

용도　관상용

13. 노랑붓꽃 (붓꽃과)
Iris koreana Nakai

사진/문순화

분포 전라북도(변산 반도), 전라남도(백암산). 한국 특산

특징 숲 속에 자라는 여러해살이풀. 뿌리줄기는 길게 옆으로 뻗는다. 꽃줄기는 높이 5~20cm이다. 잎은 넓은 선형이며, 길이 15~40cm, 너비 0.5~1.5cm, 중륵이 뚜렷하지 않고, 밑이 꽃줄기를 감싼다. 꽃은 4월에 피는데, 항상 2개씩 달리며, 노란색, 지름 2.5~4.5cm이다. 꽃줄기 끝부분에 포가 3장 있다. 포는 긴 피침형이며, 길이 3~7cm, 너비 2~5mm이다. 외화피는 타원형으로 갈색 무늬가 있으며, 내화피는 도란형, 길이 1.5~2.2cm로 곧추선다. 암술대는 화피처럼 보이며, 끝이 갈라진다. 열매는 삭과로 넓은 난형이며, 능선이 3개 있다. 금붓꽃 *I. minutoaurea* Makino에 비해서 꽃은 항상 2개씩 달리므로 뚜렷하게 구분된다.

용도 관상용

14. 단양쑥부쟁이 (국화과)

Aster altaicus Willd. var. *uchiyamae* (Nakai) Kitam.

사진/현진오

분포　경기도, 충청북도. 한국 특산

특징　강가 모래땅에 자라는 여러해살이풀. 줄기는 높이 40~80cm이며, 아래쪽이 눕고, 위쪽에서 가지가 많이 갈라진다. 뿌리잎은 꽃이 필 때 말라서 없다. 줄기잎은 어긋나며, 선형 또는 선상 피침형, 길이 3.5~5.5cm, 너비 0.1~0.3cm로 끝이 뾰족하고, 가장자리가 밋밋하다. 잎자루는 없다. 꽃은 9~10월에 가지 끝에 지름 3~4cm의 두상화가 1개씩 피며, 자주색이다. 두상화 아래쪽 줄기에 가는 선상 잎이 많이 달린다. 총포는 반구형, 포편은 2줄로 배열하며 끝이 뾰족하다. 설상화는 2줄로 달리며, 길이 약 2cm이다. 열매는 수과로 털이 많다.

용도　식용(어린 잎), 관상용

15. 대청부채(대청붓꽃) (붓꽃과)
Iris dichotoma Pall.

사진/현진오

분포 인천(대청도·백령도), 평안북도. 세계적으로 러시아, 몽골, 중국에 분포

특징 산지에 자라는 여러해살이풀. 줄기는 높이 50~100cm로 곧추서며, 위에서 가지를 친다. 잎은 납작한 칼 모양으로 녹색이며, 줄기 밑에서 6~8개가 2줄로 나 부채꼴로 된다. 길이 20~30cm, 너비 2.0~2.5cm이다. 꽃은 7~9월에 피며, 분홍색을 띠는 보라색이다. 꽃줄기는 여러 개로 갈라지고, 끝에 3~5개의 꽃이 달린다. 열매는 삭과로 타원형이며, 길이 약 4cm이다. 씨는 검은색으로 난형이며, 날개가 있다.

용도 관상용

16. 대흥란 (난초과)

Cymbidium nipponicum (Franch. et Sav.) Makino

사진/이경서

분포 경상남도(거제도·양산), 경상북도(포항), 전라남도(금오도·담양·대둔산·진도), 제주도. 세계적으로 인도, 일본에 분포

특징 부식질이 많은 숲 속에 자라는 여러해살이 부생 식물. 뿌리줄기는 길이 약 15cm이다. 줄기는 높이 10~30cm로 곧추서며, 짧은 털이 약간 있다. 막질의 비늘잎이 마디에 드문드문 달릴 뿐 녹색의 잎은 없다. 포는 길이 0.5~1cm로 끝이 뾰족하다. 꽃은 7~8월에 줄기 윗부분에 2~6개가 드문드문 달리며, 흰색 바탕에 홍자색이 돈다. 순판은 쐐기 모양으로 길이 약 1.5cm이고, 끝이 3갈래로 약간 갈라진다.

용도 관상용

222

17. 독미나리 (산형과)
Cicuta virosa L.

사진/현진오

분포 강원도(대관령), 북부 지방. 세계적으로 북반구의 온대 및 한대 지방에 널리 분포

특징 습지와 냇가에 자라는 여러해살이풀. 뿌리줄기는 이른 봄에는 질이 치밀하고 둥글지만, 가을에는 길어지고 속이 비어 칸이 여러 개 생긴다. 줄기는 높이 60~150cm로 곧추서며, 속이 비었다. 줄기 아래쪽의 잎은 2~3회 갈라지는 깃꼴겹잎, 삼각상 난형, 길이 30~50cm, 잎자루가 길다. 줄기 위쪽의 잎은 잎자루가 짧고, 밑이 넓어 줄기를 반쯤 감싼다. 꽃은 6~8월에 흰색으로 피며, 겹산형 꽃차례로 달린다. 작은 산형 꽃차례는 약 20개로 둥글고, 지름 약 2cm이다. 포는 없거나 1~2장이며, 일찍 떨어진다. 소포는 6~12장, 선형이다. 꽃잎은 가운데 검은 줄이 있고, 끝이 안쪽으로 오므라든다. 암술대는 열매가 익을 때 아래로 구부러진다. 열매는 분과로 난상 구형이다.

용도 약용, 관상용

223

18. 둥근잎꿩의비름 (돌나물과)

Hylotelephium ussuriense (Kom.) H. Ohba

사진/문순화

분포　경상북도(주왕산). 세계적으로 러시아에 분포

특징　계곡의 바위틈에 자라는 여러해살이풀. 몇 개의 굵은 뿌리가 내린다. 줄기는 높이 15~25cm로 붉은빛이 돌고 밑으로 늘어진다. 잎은 마주나며, 길이와 너비가 각각 2.5~4.5cm이고, 가장자리에 불규칙하고 둔한 톱니가 있다. 잎자루는 없다. 꽃은 7~9월에 짙은 홍자색으로 피며, 줄기 끝에 둥글게 모여 달린다. 꽃받침은 끝이 5갈래로 갈라지고, 꽃잎은 5장으로 배 모양이다. 수술은 10개이고, 수술대는 꽃잎과 길이가 비슷하다. 꽃밥은 빨간색이고 꽃가루는 노란색이다. 암술은 5개이다. 열매는 골돌로 5개이다.

용도　관상용

19. 망개나무 (갈매나무과)

Berchemia berchemiaefolia (Makino) Koidz.

사진/문순화

분포 충청북도(괴산 · 속리산), 경상북도(내연산 · 주왕산 · 주흘산), 중부 이남. 세계적으로 일본, 중국에 분포
특징 낮은 지역의 산지에 자라는 갈잎큰키나무. 높이 약 15m이고, 가지는 적갈색을 띠며 늘어진다. 뿌리는 굵고 꾸불꾸불 옆으로 뻗으며, 줄기에 갈고리 같은 가시가 있다. 잎은 어긋나며, 광택이 나고 길이 7~12cm, 너비 3~5cm이다. 잎 가장자리에 밋밋한 물결 모양의 톱니가 있다. 꽃은 지름 3~3.5mm로 황록색이며, 6월에

꽃

가지 끝의 잎겨드랑이에서 나온 취산 꽃차례 또는 가지 끝의 총상 꽃차례로 몇 개씩 모여 달린다. 꽃받침은 종 모양, 5갈래로 갈라진다. 꽃잎은 5장으로 꽃받침보다 짧다. 열매는 길이 7~8mm의 핵과로 타원형이며, 처음에는 노란색이지만 익으면 붉은색이다. 씨는 황갈색으로 익으며 5개이다.
용도 관상용, 조각재

20. 매화마름 (미나리아재비과)
Ranunculus kazusensis Makino

사진/현진오

물에서 자란 꽃

분포 인천(강화도 · 영종도), 전라남도, 충청남도, 함경북도, 황해도. 세계적으로 러시아, 북아메리카, 유럽, 일본, 중국에 분포

특징 늪이나 오래 된 연못에서 자라는 여러해살이 물풀. 줄기는 길이 약 50cm이며, 가지가 갈라지고, 줄기의 마디에서 가는 뿌리가 나온다. 물 속의 잎은 3~4번 가는 실처럼 갈라지고, 마디에 있는 턱잎은 작으며, 털이 있다. 4~8월에 물 위로 꽃자루가 나와서 그 끝에 지름 약 1cm의 흰 꽃이 1개씩 핀다. 수술은 많고 노란색이다. 열매는 수과로 둥근 모양이다. 과거에는 서울에서도 채집되었지만, 연못과 늪지의 파괴로 현재 남한에서는 서해안의 강화도 등 일부 지역에서만 발견되고 있다.

용도 관상용

21. 무주나무 (꼭두서니과)
Lasianthus japonicus Miq.

사진/문순화

분포   제주도. 세계적으로 타이완, 일본, 중국에 분포
특징   한라산 남쪽의 상록수림 밑에 드물게 자라는 늘푸른떨기나무. 높이 약 1m이고, 가지는 가늘고 길다. 잎은 마주나며 긴 타원형 또는 넓은 도피침형으로 길이 8~15cm, 너비 2~4cm이다. 잎 가장자리는 밋밋하며, 끝은 꼬리처럼 길고, 표면은 털이 없고 뒷면은 털이 없거나 납작한 털이 조금 있다. 잎자루는 길이 약 1cm이다. 꽃은 흰색으로 잎겨드랑이에서 피고, 화관은 길이 약 1cm이며, 5갈래로 갈라진다. 열매는 핵과로 둥글며, 지름 약 4mm이고 하늘색이다. 이 식물은 이창복 박사가 1978년에 처음으로 국내의 분포를 보고하여, 세계적으로 제주도를 이 식물 분포의 북방 한계로 추정하였다. 우리말 이름 무주(無珠)나무는 뿌리가 염주 모양이 아닌 데서 유래했다.
용도   관상용

22. 물부추 (물부추과)
Isoetes japonica A. Braun

사진/현진오

분포　강원도, 경기도, 충청북도, 제주도. 세계적으로 일본에 분포

특징　얕은 물 속에 자라는 여러해살이 양치식물. 뿌리줄기는 검은색, 지름 1~5cm이며, 덩이로 되고 밑이 3갈래로 갈라져 이 곳에서 흰색 뿌리가 난다. 잎은 모여 달리고 짙은 녹색으로 길이 10~30cm이다. 잎 아랫부분은 흰색이고 난형이며 비대해진다. 포자낭은 뿌리줄기의 홈 안쪽에 달린다. 1985년에 한국 특산의 신종으로 발표된 강원도 화천 논미리의 참물부추 *Isoetes coreana* Chung et Choi와의 비교, 연구가 필요하다. 습지가 파괴되어 연구용으로조차 채집하기 어려울 정도로 멸종 위기에 처해 있다.

용도　관상용

228

23. 미선나무 (물푸레나무과)
Abeliophyllum distichum Nakai

열매   꽃   사진/현진오

분포 경기도(북한산), 충청북도(진천·영동·괴산), 전라북도(부안), 황해도(장수산). 한국 특산

특징 산지에 자라는 갈잎떨기나무. 높이 약 1m이고, 가지는 끝이 처지며, 어린 가지는 사각형이다. 잎은 길이 3~6cm, 너비 2~3cm로 마주나며, 가장자리가 밋밋하고, 잎자루는 길이 2~5mm이다. 꽃은 3~4월에 잎보다 먼저 피며, 총상 꽃차례는 길이 3~15cm이다. 보통 흰색 또는 연분홍색이지만 분홍색, 상아색 등의 변이가 있어 이들을 품종으로 구분하기도 한다. 꽃받침은 길이 약 3mm이며, 4갈래로 갈라지고 자주색이다. 화관은 깊게 4갈래로 갈라진다. 수술은 2개로 수술대가 거의 없으며, 화관통에 붙는다. 열매는 시과로 둥근 부채 모양이며, 끝이 오목하게 들어간다. 씨는 반달 모양이다.

용도 관상용

24. 박달목서 (물푸레나무과)

Osmanthus insularis Koidz.

사진/문순화

분포　전라남도(거문도), 제주도. 세계적으로 일본에 분포

특징　남쪽 섬에 매우 드물게 자라는 늘푸른큰키나무. 가지는 회색이며, 어린 가지는 납작하다. 잎은 마주나며, 길이 7~12cm, 너비 2.5~5.0cm이다. 보통 잎 가장자리가 밋밋하지만 어린 나무의 잎에는 3~10개의 뾰족한 톱니가 가장자리 양쪽에 발달하기도 한다. 잎자루는 길이 1.5~2.5cm이다. 암수 딴그루로 꽃은 11~2월에 피며, 흰색이고, 잎겨드랑이에 여러 개의 작은 꽃이 모여 핀다. 꽃자루는 길이 7~10mm이다. 열매는 길이 15~20mm의 타원형 핵과로, 5월에 검은색으로 익는다.

용도　관상용

25. **백부자**(노랑돌쩌귀) (미나리아재비과)
Aconitum koreanum (H. Lév.) Rapaics

사진/현진오

분포 강원도, 경기도, 경상북도, 경상남도, 전라북도. 세계적으로 중국 동북 지방에 분포

특징 숲 속에 자라는 여러해살이풀. 덩이뿌리가 2~3개 발달한다. 줄기는 높이 40~130cm이며, 곧추선다. 잎은 어긋나며, 길이 4.0~6.5cm, 너비 3.5~6.5cm, 3갈래로 밑부분까지 갈라진 다음에 갈래는 다시 2~3회 갈라지고, 마지막 갈래는 선형이다. 꽃은 8~10월에 줄기 끝에 총상꽃차례로 피며, 노란색 또는 흰색 바탕에 자줏빛이 돈다. 꽃대와 꽃자루에 구부러진 짧고 연한 털이 난다. 꽃받침잎은 5장, 구부러진 털이 많다. 위쪽 꽃받침잎은 투구 모양, 길이 1.5~2.0cm이며, 곁꽃받침잎은 난형이다. 꽃잎은 2장으로 위쪽 꽃받침잎 속에 들어 있고, 꿀샘으로 된다. 수술은 많고 암술은 3개이다. 열매는 골돌로 길이 1~2cm이다. 씨는 타원형, 좁은 날개가 있다.

용도 약용(뿌리), 관상용

26. 백운란 (난초과)

*Vexillabium
yakushimense*
(Yamamoto) F. Maek.

분포　경상북도(울릉도), 전라남도(백암산·백운산), 전라북도(내장산), 제주도. 세계적으로 일본에 분포

특징　그늘진 숲 속에 자라는 늘푸른여러해살이풀. 뿌리줄기가 옆으로 뻗으며, 마디에서 뿌리가 난다. 줄기는 높이 4~13cm이다. 잎은 줄기 아래쪽에 2~4장이 달리며, 길이와 너비가 각각 0.3~0.7cm로 짙은 녹색이고, 가장자리가 밋밋하다. 꽃줄기는 5~12cm로 붉은빛을 약간 띤다. 아랫부분에는 2장의 포가 있고 윗부분에는 털이 있다. 꽃은 7~8월에 3~6개가 이삭 꽃차례를 이루어 피며, 흰색이다. 순판은 끝부분이 넓어져 네모 모양이다.

용도　관상용

사진/이경서

27. 산작약 (미나리아재비과)
Paeonia obovata Maxim.

사진/현진오

분포 한반도 전역. 세계적으로 러시아, 일본, 중국에 분포

특징 깊은 산 나무 그늘에 드물게 자라는 여러해살이풀. 뿌리는 갈라지며, 길고, 자르면 보통 붉은색이다. 줄기는 높이 40~70cm이며, 가지를 친다. 잎은 어긋나며, 두 번 갈라지는 겹잎이고, 작은잎은 도란형으로 가장자리가 밋밋하다. 잎 표면은 녹색이고

꽃

뒷면은 연녹색이며, 털이 없거나 맥 위에만 부드러운 털이 있다. 꽃은 지름 7~10cm이며, 5~6월에 줄기 끝에 1개씩 핀다. 꽃잎은 5~7개로 보통 연분홍색이지만 드물게 흰색이나 붉은색이다. 수술은 많으며, 암술은 3~4개로 자라면서 끝이 뒤로 휘어진다. 열매는 골돌로 끝에 붙어 있는 암술대가 길며, 갈고리 모양으로 구부러진다. 씨는 처음에는 붉은색이지만 익으면 검은색이 된다.

용도 약용(뿌리), 관상용

233

28. 삼백초 (삼백초과)

Saururus chinensis (Lour.) Baill.

사진/문순화

분포　제주도(협재). 세계적으로 일본, 중국, 필리핀에 분포

특징　낮은 지대의 습기가 많은 곳에 자라는 여러해살이풀. 뿌리줄기는 흰색으로 옆으로 길게 뻗으며 번식한다. 줄기는 높이 50~100cm로 곧추서며 세로 능선이 있다. 잎은 어긋나며 길이 5~15cm, 너비 3~8cm로 표면은 녹색, 뒷면은 흰색이다. 꽃이 필 때 윗부분의 2~3장의 잎은 표면이 흰색으로 되며, 밑은 심장형이고 끝은 뾰족하며 가장자리는 밋밋하다. 꽃은 6~8월에 길이 10~15cm의 꽃줄기에 이삭 꽃차례를 이루어 흰색으로 핀다. 수술은 6~7개, 암술은 3~5개이다. 고소득 약용 식물로 재배 농가가 늘고 있다.

용도　약용(전초), 관상용

29. 선제비꽃 (제비꽃과)
Viola raddeana Regel

사진/현진오

분포 경기도, 북부 지방. 세계적으로 러시아, 몽골, 일본, 중국에 분포

특징 들판의 습지 또는 개울가에 자라는 여러해살이풀. 뿌리줄기는 짧다. 줄기는 높이 30~70cm, 여러 대가 모여 나고, 가늘며, 아래쪽이 어두운 보라색이다. 잎은 어긋나며, 삼각상 긴 피침형, 길이 4~8cm, 너비 1~2cm, 밑이 잘린 모양 또는 얕은 심장형, 끝쪽은 좁아진다. 잎 양 면에 털이 없다. 턱잎은 선상 피침형, 길이 3~6cm, 가장자리에 톱니가 있다. 꽃은 5~6월에 위쪽의 잎겨드랑이에서 난 길이 5~10cm의 꽃대에 1개씩 피며, 연한 보라색이다. 포는 꽃대 위쪽에 있으며, 피침형, 매우 작다. 꽃잎은 5장, 곁꽃잎에 털이 조금 있고, 입술꽃잎은 다른 꽃잎보다 조금 짧다. 거(距)는 반달 모양, 길이 1.5~2.0mm이다. 열매는 긴 타원형의 삭과이며, 길이 8~12mm이다.

용도 관상용

235

30. 섬시호 (산형과)
Bupleurum latissimum Nakai

사진/현진오

분포　경상북도(울릉도). 한국 특산

특징　해안의 숲 속에 자라는 여러해살이풀. 전체에 털이 없다. 줄기는 높이 약 60cm로 곧추서고 세로 능선이 있다. 잎은 어긋나며, 2줄로 배열된다. 뿌리에서 나는 잎은 길이 6~13cm, 너비 5~10cm이며, 길이 12~18cm의 잎자루에 달린다. 줄기에 나는 잎은 위로 올라갈수록 잎자루가 없어져 줄기를 감싼다. 표면은 녹색, 뒷면은 회청색이며, 가장자리는 물결 모양이다. 꽃은 5~6월에 줄기와 가지 끝에 겹산형 꽃차례로 피며, 노란색이다. 총포는 2장으로 크며, 소총포는 5장, 꽃잎은 5장이다. 1916년 5월 26일, 울릉도 도동과 우도 사이에서 채집된 이시도야의 표본을 근거로 한국 특산으로 발표되었다. 이 표본은 도쿄 대학에 보관되었다. 우리 나라에서는 표본조차 찾아보기 어려우며, 이미 멸종했거나 일부 개체가 남았을 것으로 추정된다.

용도　관상용

31. 섬현삼 (현삼과)
Scrophularia takesimensis Nakai

사진/현진오

분포 경상북도 울릉도. 한국 특산

특징 해안가에 자라는 여러해살이풀. 줄기는 높이 약 1m이며, 날개가 있다. 잎은 마주나며, 줄기 가운데 잎은 길이 4~8cm, 아래쪽의 큰 잎은 길이 12~18cm, 너비 9~11cm이다. 양 면에 털이 없으며, 가장자리에 크고 뾰족한 톱니가 있다. 꽃은 6~7월에 원추 꽃차례로 많이 피며, 검붉은 보라색이다. 꽃줄

꽃

기는 줄기 끝에 발달하며, 길이 15~32cm이다. 꽃받침은 5개로 갈라지며, 서로 포개진다. 화관은 길이 약 1cm로 녹색이 도는 자줏빛이며, 윗부분이 3개로 갈라진다. 통부는 길이와 지름이 각각 5~6mm이다. 열매는 삭과로 둥글고, 길이 8~9mm이며, 끝이 뾰족하다.

용도 약용, 관상용

32. 세뿔투구꽃 (미나리아재비과)
Aconitum austro-koraiense Koidz.

사진/현진오

분포　경상북도(청룡산·금오산), 경상남도(황석산), 전라남도(백운산), 전라북도(지리산). 한국 특산

특징　남부 지방의 숲 속에 드물게 자라는 여러해살이풀. 뿌리는 원추형이다. 줄기는 높이 50~100cm이며, 보통 곧추서고 털이 없다. 잎은 어긋나며, 둥그스름한 오각형으로 3~5개로 얕게 갈라지고, 가장자리에 톱니가 있다. 잎자루는 길이 1~7cm이다. 꽃은 8~9월에 줄기 끝에서 1~4개가 피며, 연한 하늘색이고 투구 모양이다. 꽃은 꽃자루와 함께 털이 많고, 포는 2장으로 피침형이다. 꽃받침잎은 5장으로 꽃잎과 비슷하며, 꽃잎은 2장으로 꽃받침 속에 들어 있다. 수술은 많고 암술은 3~5개이다. 열매는 골돌로 9~10월에 익으며, 씨에는 비늘 모양의 날개가 있다.

용도　약용(뿌리), 관상용

238

33. 솔나리 (백합과)

Lilium cernuum Kom.

사진/현진오

분포 강원도, 경상북도, 경상남도, 충청북도, 북부의 고산. 세계적으로 러시아, 중국에 분포

특징 높은 산의 능선이나 양지바른 풀밭에 자라는 여러해살이풀. 줄기는 높이 50~70cm이다. 비늘줄기는 난형으로 길이 약 3cm, 지름 2cm이다. 잎은 솔잎처럼 가는데, 다닥다닥 어긋나게 달리며, 길이 10~15cm이다. 꽃은 6~8월에 줄기 끝에서 1~6개가 옆을 향해 피는데, 연한 붉은빛을 띠는 보라색이며, 안쪽에 자주색 반점이 있다. 매우 드물게 흰 꽃이 피는 개체도 발견된다. 수술은 6개, 암술은 1개이며, 씨는 갈색이다. 남덕유산이 분포의 남방 한계로 추정된다.

용도 식용(비늘줄기), 관상용

34. 솔잎란 (솔잎란과)
Psilotum nudum (L.) Griseb.

사진/현진오

분포 제주도. 세계적으로 열대 지방에 많이 나며, 타이완, 일본, 중국에도 분포

특징 제주도 남쪽 바닷가 절벽에 드물게 자라는 늘푸른여러해살이 양치식물. 뿌리줄기는 짧고, 지름은 약 1mm이며, 뿌리는 없다. 줄기는 높이 10∼30cm이며, 2갈래로 계속 갈라지고, 연한 녹색이다. 돌기 같은 잎이 드문드문 어긋나게 달린다. 포자엽은 줄기 윗부분에 달려 2갈래로 갈라진다. 포자낭은 둥글며, 지름 약 2mm이고, 3개의 방으로 되어 있다. 처음에 녹색이었다가 노란색으로 익으며, 3갈래로 갈라져 포자가 방출된다. 우리말 이름은 한자 이름 송엽란(松葉蘭)을 번역한 것이며, 녹색의 잔가지가 솔잎과 비슷한 데서 유래되었다.

용도 관상용

240

35. 솜다리 (국화과)

Leontopodium coreanum Nakai

사진/송기엽

분포 강원도(설악산), 북한 중부 지방의 고산. 한국 특산

특징 중부 지방의 고산에 자라는 여러해살이풀. 전체에 흰 솜털이 덮여 있다. 줄기는 높이 10~30cm이며, 몇 개가 모여 난다. 줄기 아랫부분은 자라면서 털이 없어진다. 뿌리에서 난 잎은 일찍 말라 죽는다. 줄기에 난 잎은 어긋나며, 길이 2~7cm, 너비 6~12mm로 가장자리에 톱니가 없다. 잎 표면은 털이 있다가 차츰 없어지며, 녹색이고, 뒷면은 흰 털이 깔려 희게 보인다. 꽃은 노란색으로 6~8월에 핀다. 두상 꽃차례의 가장자리에 암꽃, 가운데에 무성화가 달리며, 설상화는 없다. 열매는 수과로 긴 타원형이다.

용도 관상용

241

36. 순채 (수련과)
Brasenia schreberi J. F. Gmel.

사진/현진오

분포 한반도 전역. 세계적으로 동아시아, 러시아, 북아메리카, 서아프리카, 유럽, 인도, 오스트레일리아에 분포

특징 연못에 자라는 여러해살이 물풀. 땅 속의 뿌리줄기는 옆으로 뻗고, 마디에서 수염뿌리가 나오며, 위로는 줄기가 뻗는다. 잎은 어긋나며, 길이 6~10cm, 너비 4~6cm로 잎자루가 뒷면 중앙에 붙어 방패 모양으로 되고 물 위에 뜬다. 어린 잎과 줄기는 우무 같은 점액질의 투명체로 덮인다. 꽃은 6~8월에 잎겨드랑이에서 나온 긴 꽃줄기 끝에 1개씩 물 위에서 피며, 붉은 보라색으로 지름 1.5~2.0cm이다. 꽃받침잎은 3장, 길이 약 1cm이며, 꽃잎과 비슷하다. 꽃잎은 3장, 길이 약 1.5cm이며, 끝이 뾰족하다. 수술은 12~18개 또는 그 이상이며, 꽃밥은 길이 약 4mm의 선형이다. 열매는 9~10월에 물 속에서 익지만 벌어지지 않으며, 속에 1~2개의 씨가 들어 있다.

용도 약용(잎과 줄기), 식용(어린 잎과 줄기), 관상용

37. 애기등 (콩과)

Milletia japonica (Siebold et Zucc.) A. Gray

사진/현진오

분포 경상남도(거제도), 전라남도(진도). 세계적으로 일본에 분포
특징 드물게 자라는 갈잎덩굴나무. 줄기는 다른 나무를 감고 올라
간다. 잎은 어긋나며, 깃 모양의 겹잎이다. 작은잎은 11~17개로 길이
1.5~4cm, 너비 1~2cm이고 털이 없다. 꽃은 7~8월에 길이 약 15mm
의 흰색으로 피는데, 잎겨드랑이에서 나온 길이 10~20cm의 꽃줄기
에 총상 꽃차례로 달린다. 열매는 길이 10cm, 너비 0.8cm 정도의 협
과로 10월에 익으며, 속에 6~7개의 씨가 들어 있다.
용도 관상용

38. 연잎꿩의다리 (미나리아재비과)
Thalictrum coreanum H. Lév.

사진/현진오

분포　강원도(설악산), 충청북도(단양), 북부 지방. 세계적으로 중국 동북 지방에 분포

특징　산지의 숲 속이나 바위틈에 자라는 여러해살이풀. 뿌리는 굵고, 줄기는 높이 30~60cm이다. 잎은 뿌리에서 몇 개가 모여 나며, 잎자루가 긴 겹잎이다. 작은잎은 방패 모양으로 가장자리가 물결 모양이다. 잎 표면은 녹색, 뒷면은 흰빛이 돈다. 꽃은 6~7월에 피고, 연한 보라색을 띤 흰색이다. 꽃받침잎은 4~5장으로 일찍 떨어진다. 수술대는 곤봉 모양이며, 암술은 3~5개이다. 잎과 줄기의 크기는 생육 조건에 따라 변이가 심하다. 설악산 지역에서 삼지구엽초로 잘못 알고 술을 담그거나 전초를 말려서 팔기도 하는데, 독성이 강하므로 주의해야 한다.

용도　약용(전초), 관상용

39. 왕제비꽃
(제비꽃과)

Viola websteri
Forb. et Hemsl.

사진/현진오

분포 강원도(계방산 · 삼악산), 경기도(명지산 · 유명산), 충청북도(국사봉), 북부 지방. 세계적으로 중국에 분포

특징 산지의 숲 속이나 산기슭의 풀밭에 자라는 여러해살이풀. 줄기는 높이 40~60cm로 곧추서며 털이 없다. 잎은 어긋나며, 긴 타원형으로 가장자리에 톱니가 발달한다. 턱잎은 깃 모양으로 가늘게 갈라진다. 꽃은 4~5월에 보라색 줄이 있는 흰색으로 1개씩 피는데, 잎겨드랑이나 줄기 끝에서 나온 길이 3~6cm의 가는 꽃자루에 달린다. 꽃받침잎은 5장으로 좁고 길며 길이 5~6mm이다. 꽃잎은 길이 12~13mm이다. 열매는 삭과로 5~6월에 익는다.

용도 관상용

40. 으름난초
(난초과)

*Galeola
septentrionalis*
Reichb. fil.

열매   사진/현진오

사진/이경서

분포 제주도(한라산). 세계적으로 일본에 분포

특징 한라산 숲 속 그늘지고 부식토가 많은 곳에 자라는 여러해살이풀. 전체에 엽록소가 없는 부생 식물이다. 뿌리줄기는 크고 땅 속으로 뻗으며 육질이다. 줄기는 높이 50~100cm이며 곧추서고, 위에서 가지가 갈라지기도 한다. 잎은 비늘 모양으로 없는 것처럼 보인다. 꽃은 6~8월에 피며, 누런 밤색이고, 지름 약 2.5cm이다. 열매는 타원형으로 길이 6~8cm이고 붉은색을 띤다. 열매가 으름처럼 생겼다 하여 우리말 이름을 얻었다.

용도 약용(열매), 관상용

41. 자주땅귀개 (통발과)

Utricularia yakusimensis Masam.

사진/문순화

분포 경상남도, 전라남도, 제주도. 세계적으로 일본에 분포

특징 산 속 습지에 자라는 여러해살이 식충 식물. 땅속줄기는 실처럼 뻗고, 포충낭이 달려 있다. 잎은 땅속줄기에서 나서 땅 위로 나오며, 여러 장이 모여 나고, 녹색, 주걱 모양, 길이 3~6mm이다. 꽃은 8~11

꽃

월에 길이 5~15cm의 꽃줄기 끝에서 총상 꽃차례로 1~4개씩 피며, 푸른빛이 도는 연한 자주색이다. 꽃줄기에는 몇 장의 비늘잎이 달린다. 포는 비늘잎 같고, 길이 1~2mm이다. 소포는 2장, 선형이다. 꽃자루는 분명하고, 위쪽이 꽃받침 쪽으로 흘러서 날개처럼 된다. 화관은 지름 3~4mm, 거(距)는 길이 2~3mm이고 밑을 향한다. 열매는 둥글거나 넓은 타원형의 삭과이며, 길이는 약 3mm이다.

용도 관상용

42. 자주솜대(자주지장보살) (백합과)
Smilacina bicolor Nakai

분포 강원도(설악산), 경상남도(지리산), 중부 이북의 고산. 한국 특산
특징 고산 지대의 숲 속에 자라는 여러해살이풀. 뿌리줄기는 옆으로 뻗는데, 굵고 마디가 있다. 줄기는 높이 30~45cm이며, 비스듬히 서거나 곧추선다. 잎은 5~9장이 줄기 윗부분에 2줄로 어긋나게 달리며, 잎자루는 짧다. 잎은 타원형 또는 긴 타원형이며, 길이 6~11cm, 너비 2.5~5.0cm로 끝은 뾰족하고 밑은 둥글다. 꽃은 6~7월에 줄기 끝에 총상 꽃차례로 핀다. 꽃차례는 길이 4~5cm이고, 밑에서 가지

개화 초기

꽃이 질 무렵   사진/현진오

가 갈라지기도 한다. 처음에는 노란빛이 도는 연두색이나 차츰 자주
색으로 변한다. 열매는 장과로 둥글며, 어두운 갈색으로 익는다.
용도 식용(어린 순), 관상용

43. 제주고사리삼 (고사리삼과)

Mankyua chejuense B. Y. Sun, M. H. Kim et C. H. Kim

사진/현진오

분포　제주도. 한국 특산

특징　숲 속에 자라는 늘푸른여러해살이 양치식물. 뿌리줄기는 옆으로 길게 뻗는다. 줄기는 높이 8~12cm이며, 곧추선다. 잎은 뿌리줄기에서 1~2장이 나오며, 자루 끝에서 3출, 각각은 작은잎 1~2장이 되어 전체적으로 작은잎 5~6장이 돌려난 것처럼 보인다. 생식줄기는 가을에 잎자루 끝에서 나며, 길이 2cm 이하이다. 제주대학교 김문홍 교수에 의해 1996년에 처음 발견되어, 2001년에 전북대학교 선병윤 교수 등에 의해 한국 특산속 식물로 발표되었다. 속명(屬名) 만규아(*Mankyua*)는 우리 나라 초창기 식물 학자로서 양치식물 연구에 심혈을 기울였던 박만규 박사를 기리는 의미로 만들어졌다.

용도　관상용

44. 조름나물 (조름나물과)
Menyanthes trifoliata L.

사진/현진오

분포 경상북도, 북부 지방. 세계적으로 북반구 온대 및 한대 지방에 널리 분포

특징 개울가나 습지에 자라는 여러해살이풀. 뿌리줄기는 길게 뻗는다. 잎은 뿌리줄기 끝에 여러 장이 붙으며, 두껍고, 작은잎 3장으로 된 겹잎이다. 작은잎은 긴 타원형, 난상 타원형, 길이 4~8cm, 너비 2~5cm, 가장자리에 둔한 톱니가 있거나 밋밋하다. 잎자루는 길고, 아래쪽이 줄기를 감싼다. 꽃은 7~8월에 잎겨드랑이에서 나온 꽃대 끝에 총상 꽃차례로 피며, 흰색 또는 연한 푸른색이다. 꽃대는 길이 20~40cm, 꽃차례는 길이 6~10cm, 꽃자루는 길이 1~3cm이다. 꽃받침은 녹색, 위쪽이 5갈래로 갈라진다. 화관은 지름 1.0~1.5cm, 5갈래로 깊게 갈라지며, 갈래 안쪽에 털이 빽빽하게 난다. 수술은 5개, 화관통 안에 들어 있다. 열매는 삭과로 둥글며, 지름 5~7mm이다.

용도 약용, 관상용

45. 죽절초 (홀아비꽃대과)
Chloranthus glaber (Thunb.) Makino

열매　사진/문순화

분포 제주도. 세계적으로 타이완, 말레이시아, 인도, 중국에 분포

특징 해발 700m 이하의 상록수림 밑에 자라는 늘푸른작은떨기나무. 줄기는 높이 50~100cm로 모여 나고, 녹색이며, 마디가 두드러진다. 잎은 마주나며, 길이 10~15cm, 너비 4~6cm로 끝이 뾰족하고 가장자리에 거친 톱니가 있다. 잎자루는 길이 0.5~1.5cm이다. 꽃은 5~7월에 줄기 끝에서 나온 2~3개의 꽃줄기에 이삭 꽃차례로 핀다. 화피는 없고, 수술은 1개, 꽃밥은 2실이다. 열매는 11~2월에 붉은색으로 익는다. 나무인 특징으로 죽절초속 *Sarcandra glabra* (Thunb.) Nakai에 포함시키기도 한다.

꽃

용도 관상용

46. 지네발란 (난초과)
Sarcanthus scolopendrifolius Makino

사진/현진오

분포 전라남도(강진 · 달마산 · 두륜산 · 보길도 · 완도 · 유달산 · 진도 · 토말), 제주도. 세계적으로 일본, 중국에 분포

특징 양지바른 바위 겉이나 나무줄기에 붙어 자라는 늘푸른여러해살이풀. 줄기는 가늘고 길게 뻗으며, 드문드문 분지하고 단단하다. 줄기 곳곳에서 굵은 뿌리가 나온다. 잎은 2줄로 어긋나며, 가는 손가락 모양으로 표면에 홈이 있고, 길이 7~10mm이다. 꽃은 7~8월에 잎겨드랑이에서 1개씩 피며, 연분홍색이다. 순판은 아랫부분이 부풀어 짧은 거(距)가 되고, 귓볼 모양의 측편과 삼각상 난형의 중앙 열편으로 이루어진다.

용도 관상용

253

47. 진노랑상사화 (수선화과)

Lycoris chinensis Traub var. *sinuolata* K. H. Tae et S. C. Ko

사진/현진오

분포　전라남도, 전라북도. 한국 특산

특징　내장산 지역에 자라는 여러해살이풀. 비늘줄기는 지면에서 약 10cm 아래의 땅 속에 묻혀 있으며, 목이 길고 난형이다. 잎은 털이 없는 녹색으로 2월 말에 4~8개가 나오며, 길이 30~40cm이다. 꽃줄기는 길이 40~70cm로 잎이 스러진 후 7월 말~8월 초에 나오며, 곧추서고, 녹색이다. 주걱 모양의 포는 2장으로 피침형이며, 길이 3~4cm이다. 꽃은 짙은 노란색으로 4~7개가 달리며, 꽃자루는 길이 2.2~4.0cm로 녹색이다. 화피는 길이 5~6cm로 가장자리가 물결 모양이고, 주름이 지며, 끝이 뒤로 젖혀진다. 화피의 통부는 길이 1.1 ~1.5cm이고, 수술대와 암술대는 모두 노란색이다. 씨는 검은색이다.

용도　관상용

48. 층층둥굴레 (백합과)

Polygonatum stenophyllum Maxim.

사진/현진오

분포 강원도, 경기도, 경상북도. 세계적으로 러시아, 중국에 분포

특징 강가 모래땅에 자라는 여러해살이풀. 뿌리줄기는 가늘고 길며, 흰색이다. 줄기는 높이 40~90cm이며, 곧추선다. 잎은 아래쪽에서는 어긋나지만 위로 가면서 4~6장이 층을 이뤄 돌려나며, 좁은 선형으로 길이 6~12cm, 너비 0.5~1.2cm, 끝이 뾰족하다. 꽃

꽃

은 5~6월에 잎겨드랑이에서 난 여러 개의 꽃대에 각각 2개씩 피며, 흰색이다. 화관은 통 모양이며, 길이 7~8mm이다. 열매는 둥근 장과이며, 지름 약 6mm로 검게 익는다. 갈고리층층둥굴레 *P. sibiricum* Redouté에 비해 전체가 조금 작으며, 잎은 끝이 둥글게 말리지 않고, 꽃대는 길이 약 5mm로 매우 짧아서 꽃들이 돌려나는 잎 사이에 다닥다닥 붙은 것처럼 보이므로 구분이 된다.

용도 약용(뿌리줄기), 관상용

49. 큰연령초 (백합과)
Trillium tschonoskii Maxim.

사진/문순화

분포　경상북도(울릉도). 세계적으로 일본에 분포

특징　깊은 산 숲 속에 드물게 자라는 여러해살이풀. 줄기는 높이 약 30cm이며, 끝에서 잎자루가 없는 3장의 잎이 돌려난다. 잎은 길이와 너비가 각각 7~17cm이다. 꽃은 5~6월에 줄기 끝에서 나온 꽃자루에 1개씩 피고, 꽃잎과 꽃받침은 끝이 뾰족하다. 꽃잎은 길이 16~27mm이다. 꽃밥은 길이 6~8mm로 수술대(3~8mm)와 비슷하거나 약간 길고, 암술대는 3개이다. 열매는 장과로 지름 약 1.5cm이다.

용도　약용, 관상용

256

50. **털복주머니란**(털개불알꽃) (난초과)
Cypripedium guttatum Sw. var. *koreanum* Nakai

사진/이영노

분포 강원도, 중부 이북의 고산. 기본종은 세계적으로 러시아, 몽골, 일본, 중국에 분포

특징 높은 산 숲 주변의 풀밭에 자라는 여러해살이풀. 뿌리줄기는 옆으로 길게 뻗으며, 마디에서 뿌리와 새싹이 돋는다. 줄기는 높이 15~30cm이며, 털이 있다. 잎은 줄기에 2장씩 어긋나며, 타원형 또는 난형으로 끝은 뾰족하고 밑은 줄기를 감싼다. 꽃은 6~7월에 줄기 끝에서 1개씩 옆을 향해 피는데, 노란빛이 도는 흰색이고, 보라색 반점이 있다. 순판은 주머니 모양으로, 흰색에 커다란 보라색 반점이 있다. 최근 남한에서의 분포가 확인되었으나 무분별한 채취로 자생지에서 거의 자취를 감추었다.

용도 관상용

257

51. 파초일엽 (꼬리고사리과)
Asplenium antiquum Makino

사진/문순화

분포　제주도 삼도(섭섬). 세계적으로 타이완, 일본에 분포
특징　늘푸른여러해살이 양치식물. 잎은 홑잎으로 여러 장이 뿌리줄기에서 돌려나며, 갈라지지 않는다. 길이 40~120cm, 너비 7~12cm의 선형이다. 잎 양 면은 모두 밝은 녹색이며, 가장자리는 밋밋하고, 주맥이 뒤로 튀어나온다. 측맥은 갈라지지 않거나 한 번 갈라진다. 포자낭군은 측맥 앞쪽에 달리는데, 주맥과 가장자리 사이의 대부분을 차지한다. 포자낭은 길쭉하고, 길이는 변이가 심하다. 포막은 가장자리가 밋밋하고 갈색이다. 제주도 삼도 자생지가 천연 기념물 제18호로 지정되어 있다. 자생지에서 멸종되었기 때문에 인위적으로 복원하였다.
용도　관상용

52. 한계령풀 (매자나무과)
Leontice microrhyncha S. Moore

사진/문순화

분포 강원도(가리왕산 · 고한 · 금대봉 · 점봉산 · 태백산), 북부 지방.
세계적으로 중국에 분포

특징 높은 산 중턱에 자라는 여러해살이풀. 땅속줄기는 길이 15~
20cm로 실처럼 매우 가늘고, 밑에 덩이뿌리가 달린다. 덩이뿌리는 지
름 3~5cm의 둥근 감자 모양이며, 밑부분에 잔뿌리가 듬성듬성 달린
다. 땅 위의 줄기는 30~50cm로 곧추선다. 잎은 2~3회 갈라지는 겹
잎으로, 작은잎은 길이 6~7cm의 타원형이고, 톱니가 없으며 연하
다. 꽃은 잎과 함께 땅 속에서 발달한 봉오리가 구부러진 채 나와 4
~5월에 피며, 연한 노란색이다. 3~12개의 꽃이 총상 꽃차례를 이룬
다. 꽃잎과 꽃받침잎은 각각 4장인데, 꽃받침잎이 더욱 커서 꽃잎처
럼 된다. 수술은 6개, 암술은 1개이다. 열매는 6월에 익으며, 둥글고,
열매가 성숙한 후 지상부는 말라 죽는다.

용도 약용(덩이뿌리), 식용(덩이뿌리)

53. 홍월귤 (진달래과)
Arctous ruber (Rehder et E. H. Wilson) Nakai

사진/문순화

분포 강원도(설악산), 북부 지방. 세계적으로 러시아, 중국에 분포

특징 고산 지대에 자라는 갈잎떨기나무. 줄기는 땅 속으로 길게 뻗으며, 지상으로 나온 것은 높이 약 10cm이다. 잎은 어긋나기로 가지 끝에 모여 나며, 도란형으로 길이 2~5cm, 너비 약 1cm이다. 잎 가장자리에 잔톱니가 있고, 잎자루에 털이 있다. 꽃은 5~7월에 줄기 끝의 잎겨드랑이에 2~3개씩 총상 꽃차례로 달리며, 연한 노란색이다. 화관은 단지 모양으로 길이 약 4mm이고, 끝은 5갈래로 갈라진다. 수술은 10개이다. 열매는 둥근 장과로 지름 9~13mm이며, 8~9월에 붉은색으로 익는다.

용도 식용(열매), 관상용

54. 황근 (아욱과)

Hibiscus hamabo Siebold et Zucc.

사진/현진오

분포 전라남도(완도), 제주도. 세계적으로 일본에 분포

특징 바닷가 숲 속에 자라는 갈잎떨기나무. 줄기는 높이 1~2m로 가지를 많이 친다. 잎은 어긋나고, 길이 3~6cm, 너비 3~7cm이다. 가장자리에 둔한 잔톱니가 있으며, 표면은 녹색으로 별 모양의 털이 드물게 있고 뒷면은 털이 많다. 잎자루는 길이 8~20mm이고, 꽃은 7~8월에 가지 끝 또는 잎겨드랑이에서 1~2개씩 피는데, 지름 약 5cm이고 옅은 노란색이다. 꽃자루는 길이 약 1cm이다. 꽃받침잎은 5갈래로 갈라진다. 꽃잎은 5장으로 둥글고, 겉에 별 모양의 털이 있으며, 길이 4~5cm이다. 암술머리는 5갈래로 갈라지고 붉은색이다. 열매는 삭과로 난형이며, 5갈래로 갈라진다.

용도 관상용

55. 황기 (콩과)
Astragalus membranaceus (Fisch.) Bunge

사진/현진오

분포 강원도, 북부 지방. 세계적으로 러시아, 중국, 몽골에 분포

특징 고산 지대의 풀밭 또는 숲 속에 자라는 여러해살이풀. 전체에 잔털이 있으며, 뿌리는 굵고, 땅 속으로 길게 뻗는다. 줄기는 높이 50~100cm로 곧추서며, 가지가 많이 갈라진다. 잎은 어긋나며, 6~13쌍의 작은잎으로 이루어진 홀수 깃꼴겹잎이다. 작은잎은 잔털이 있으며, 가장자리가 밋밋하고, 뒷면은 흰빛이 돈다. 꽃은 6~8월에 잎겨드랑이에서 발달하는 총상 꽃차례로 여러 개가 모여 달리며, 길이 15~18mm로 노란색 또는 옅은 노란색이다. 열매는 협과로 길이 2~3cm이다.

용도 약용(뿌리)

56. 히어리 (조록나무과)
Corylopsis coreana Uyeki

사진/문순화

분포　경기도(백운산), 전라남도(남해 · 백운산), 전라북도, 경상남도(지리산). 한국 특산

특징　중부와 남부 지방의 산에 자라는 갈잎떨기나무. 높이 1~2m. 어린 가지는 황갈색이다. 잎은 어긋나며, 길이 5~9cm, 너비 4~8cm, 가장자리에 뾰족한 톱니가 있다. 밑은 심장형, 끝은 뾰족하며, 표면은 녹색, 뒷면은 회백색이다. 잎자루는 길이 1.5~2.8cm이다. 꽃은 3~4월에 잎이 나기 전 밑으로 처진 이삭 꽃차례에 노란색으로 핀다. 꽃받침은 5갈래로 갈라진다. 꽃잎은 5장이고, 수술은 5개, 암술대는 2개이다. 열매는 삭과로 9월에 익으며, 씨는 검은색이다. 최근 중부 지방에도 자생하는 것이 밝혀졌다.

용도　관상용

꽃

해조류

글 · 사진 / 옥정현

삼나무말

1. 삼나무말 (개모자반과)
Coccophora langsdorfii (Turner) Greville

분포　우리 나라의 동해안 북부에서 중부의 울진에 이르는 지역에 주로 생육하고, 동해와 면한 일본 혼슈와 홋카이도 연안과 러시아 연해주에서도 생육하는 것으로 보고되었다.

특징　엽체는 암갈색이며, 건조하면 검은색을 띤다. 부착기는 울퉁불퉁한 혹 모양의 괴상이고, 줄기는 원기둥 모양이며, 부착기로부터 여러 개가 발달한다. 줄기는 50cm 내외까지 자라고, 첫해에는 반복해서 갈라진 실 모양의 잎이 돌려난다. 아래쪽의 잎은 차차 떨어져서 작은 혹 모양의 흔적을 남긴다. 기낭은 방추상이고, 1~3개가 잇달아 난다. 이듬해 봄이 되면 가지 위쪽에 2차 가지가 많이 나오는데, 마치 삼나무 잎과 같은 비늘잎이 밀생하여 나고, 끝부분에 여러 개의 생식가지가 발달한다. 황금색의 생식가지는 난형이고, 중공이며 다육질이다. 저조선 부근의 파도가 없는 바위에 주로 생육한다.

용도　특별히 알려진 것이 없음.

부 록

순채

멸종 위기 야생 동식물이란

　야생 동식물이라 함은 산과 들 또는 강 등 자연 상태에서 서식하거나 자생하는 동식물종을 말하며, 멸종 위기 야생 동식물이라 함은 다음에 해당하는 동식물종을 말한다.

　멸종 위기 야생 동식물 Ⅰ급
　자연적 또는 인위적 위협 요인으로 개체 수가 현저하게 감소되어 멸종 위기에 처한 야생 동식물로서, 관계 중앙 행정 기관의 장과 협의하여 환경부령이 정하는 종

　멸종 위기 야생 동식물 Ⅱ급
　자연적 또는 인위적 위협 요인으로 개체 수가 현저하게 감소되고 있어 현재의 위협 요인이 제거되거나 완화되지 아니할 경우 가까운 장래에 멸종 위기에 처할 우려가 있는 야생 동식물로서, 관계 중앙 행정 기관의 장과 협의하여 환경부령이 정하는 종

　멸종 위기 야생 동식물 지정 현황

(단위 : 종의 수)

구 분	멸종 위기 야생 동식물 Ⅰ급	멸종 위기 야생 동식물 Ⅱ급	계
포유류	12	10	22
조 류	13	48	61
양서 · 파충류	1	5	6
어 류	6	12	18
곤충류	5	15	20
무척추 동물	5	24	29
육상 식물	8	56	64
해조류	0	1	1
계	50	171	221

멸종 위기 야생 동식물 목록
(※이 목록은 환경부 자료에 따랐음.)

1 포유류

한국명	과 명	학 명
멸종 위기 Ⅰ급		
1. 늑대	개과	*Canis lupus coreanus* Abe
2. 대륙사슴	사슴과	*Cervus nippon* Temminck
3. 바다사자	바다사자과	*Zalophus californianus japonicus* (Peters)
4. 반달가슴곰	곰과	*Ursus thibetanus ussuricus* Heude
5. 붉은박쥐	애기박쥐과	*Myotis formosus tsuensis* Kuroda
6. 사향노루	사향노루과	*Moschus moschiferus parvipes* Hollister
7. 산양	소과	*Naemorhedus goral raddeanus* (Heude)
8. 수달	족제비과	*Lutra lutra* (Linnaeus)
9. 시라소니	고양이과	*Lynx lynx* Linnaeus
10. 여우	개과	*Vulpes vulpes peculiosa* Kishida
11. 표범	고양이과	*Panthera pardus orientalis* Schlegel
12. 호랑이	고양이과	*Panthera tigris altaica* (Temminck)
멸종 위기 Ⅱ급		
1. 담비 (대륙목도리담비)	족제비과	*Martes flavigula koreana* Mori
2. 무산쇠족제비	족제비과	*Mustela nivalis* Linnaeus
3. 물개	바다사자과	*Callorhinus ursinus* (Linnaeus)
4. 물범	물범과	*Phoca largha* Pallas
5-1. 흰띠백이물범	물범과	*Phoca fasciata* Zimmermann
5-2. 고리무늬물범	물범과	*Phoca hispida* Schreber
6. 삵	고양이과	*Felis bengalensis manchurica* Mori
7. 작은관코박쥐	애기박쥐과	*Murina ussuriensis* Ognev
8. 큰바다사자	바다사자과	*Eumetopias jubatus* (Schreber)
9. 토끼박쥐	애기박쥐과	*Plecotus auritus* (Linnaeus)
10. 하늘다람쥐	청설모과	*Pteromys volans aluco* Thomas

2 조류

한국명	과 명	학 명
멸종 위기 Ⅰ급		
1. 검독수리	수리과	*Aquila chrysaetos* Linnaeus
2. 넓적부리도요	도요과	*Eurynorhynchus pygmeus* (Linnaeus)
3. 노랑부리백로	백로과	*Egretta europhotes* (Swinhoe)
4. 노랑부리저어새	저어새과	*Platalea leucorodia* Linnaeus
5. 두루미	두루미과	*Grus japonensis* (P. L. S. Müller)
6. 매	매과	*Falco peregrinus* Turnstall
7. 저어새	저어새과	*Platalea minor* Temminck & Schlegel
8. 참수리	수리과	*Haliaeetus pelagicus* (Pallas)
9. 청다리도요사촌	도요과	*Tringa guttifer* (Nordmann)
10. 크낙새	딱다구리과	*Dryocopus javensis* (Horsfield)
11. 혹고니	오리과	*Cygnus olor* (Gmelin)
12. 황새	황새과	*Ciconia boyciana* Swinhoe
13. 흰꼬리수리	수리과	*Haliaeetus albicilla* (Linnaeus)
멸종 위기 Ⅱ급		
1. 가창오리	오리과	*Anas formosa* Georgi
2. 개구리매	수리과	*Circus aeruginosus* (Linnaeus)
3. 개리	오리과	*Anser cygnoides* (Linnaeus)
4. 검은머리갈매기	갈매기과	*Larus saundersi* (Swinhoe)
5. 검은머리물떼새	검은머리물떼새과	*Haematopus ostralegus* Linnaeus
6. 검은목두루미	두루미과	*Grus grus lilfordi* Sharpe
7. 고니	오리과	*Cygnus columbianus* (Ord)
8. 긴점박이올빼미	올빼미과	*Strix uralensis* (Pallas)
9. 까막딱다구리	딱다구리과	*Dryocopus martius* (Linnaeus)
10. 느시	느시과	*Otis tarda* Linnaeus
11. 독수리	수리과	*Aegypius monachus* (Linnaeus)
12. 뜸부기	뜸부기과	*Gallicrex cinerea* (Gmelin)
13. 말똥가리	수리과	*Buteo buteo* (Linnaeus)
14. 먹황새	황새과	*Ciconia nigra* (Linnaeus)
15. 물수리	수리과	*Pandion haliaetus* (Linnaeus)

16. 벌매	수리과	*Pernis ptilorhynchus* (Temminck)
17. 붉은가슴흰죽지	오리과	*Aythya baeri* (Radde)
18. 붉은해오라기	백로과	*Gorsachius goisagi* (Temminck)
19. 비둘기조롱이	매과	*Falco vespertinus* Linnaeus
20. 뿔쇠오리	바다오리과	*Synthliboramphus wumizusume* (Temminck)
21. 뿔종다리	종다리과	*Galerida cristata* (Linnaeus)
22. 삼광조	딱새과	*Terpsiphone atrocaudata* (Eyton)
23. 새홀리기	매과	*Falco subbuteo* Linnaeus
24. 솔개	수리과	*Milvus lineatus* (J. E. Gray)
25. 쇠황조롱이	매과	*Falco columbarius* Linnaeus
26. 수리부엉이	올빼미과	*Bubo bubo* (Linnaeus)
27. 시베리아흰두루미	두루미과	*Grus leucogeranus* Pallas
28. 알락개구리매	수리과	*Circus melanoleucus* (Pennant)
29. 알락꼬리마도요	도요과	*Numenius madagascariensis* (Linnaeus)
30. 올빼미	올빼미과	*Strix aluco* Linnaeus
31. 재두루미	두루미과	*Grus vipio* Pallas
32. 잿빛개구리매	수리과	*Circus cyaneus* (Linnaeus)
33. 적호갈매기	갈매기과	*Larus relictus* Lonnberg
34. 조롱이	수리과	*Accipiter gularis* (Temminck & Schlegel)
35. 참매	수리과	*Accipiter gentilis* (Linnaeus)
36. 큰고니	오리과	*Cygnus cygnus* (Linnaeus)
37. 큰기러기	오리과	*Anser fabalis* (Latham)
38. 큰덤불해오라기	백로과	*Ixobrychus eurhythmus* (Swinhoe)
39. 큰말똥가리	수리과	*Buteo hemilasius* Temminck & Schlegel
40. 털발말똥가리	수리과	*Buteo lagopus* (Pontoppidan)
41. 팔색조	팔색조과	*Pitta nympha* Temminck & Schlegel
42. 항라머리검독수리	수리과	*Aquila clanga* Pallas
43. 호사비오리	오리과	*Mergus squamatus* Gould
44. 흑기러기	오리과	*Branta bernicla* (Linnaeus)
45. 흑두루미	두루미과	*Grus monacha* Temminck
46. 흰목물떼새	물떼새과	*Charadrius placidus* J. E. & G. R. Gray
47. 흰이마기러기	오리과	*Anser erythropus* (Linnaeus)
48. 흰죽지수리	수리과	*Aquila heliaca* Savigny

③ 양서 · 파충류

한국명	과 명	학 명
멸종 위기 Ⅰ급		
1. 구렁이	뱀과	*Elaphe schrenckii* Strauch
멸종 위기 Ⅱ급		
1. 금개구리	개구리과	*Rana plancyi chosenica* Okada
2. 남생이	남생이과	*Chinemys reevesii* (Gray)
3. 맹꽁이	맹꽁이과	*Kaloula borealis* (Barbour)
4. 비바리뱀	뱀과	*Sibynophis collaris* (Gray)
5. 표범장지뱀	장지뱀과	*Eremias argus* Peters

④ 어류

한국명	과 명	학 명
멸종 위기 Ⅰ급		
1. 감돌고기	잉어과	*Pseudopungtungia nigra* Mori
2. 꼬치동자개	동자개과	*Pseudobagrus brevicorpus* (Mori)
3. 미호종개	미꾸리과	*Iksookimia choii* (Kim & Son)
4. 얼룩새코미꾸리	미꾸리과	*Koreocobitis naktongensis* Kim, Park & Nalbant
5. 퉁사리	퉁가리과	*Liobagrus obesus* Son, Kim & Choo
6. 흰수마자	잉어과	*Gobiobotia naktongensis* Mori
멸종 위기 Ⅱ급		
1. 가는돌고기	잉어과	*Pseudopungtungia tenuicorpa* Jeon & Choi
2. 가시고기	큰가시고기과	*Pungitius sinensis* (Guichenot)
3. 꾸구리	잉어과	*Gobiobotia macrocephala* Mori
4. 다묵장어	칠성장어과	*Lampetra reissneri* (Dybowski)
5. 돌상어	잉어과	*Gobiobotia brevibarba* Mori
6. 둑중개	둑중개과	*Cottus poecilopus* Heckel
7. 모래주사	잉어과	*Microphysogobio koreensis* Mori
8. 묵납자루	잉어과	*Acheilognathus signifer* Berg
9. 임실납자루	잉어과	*Acheilognathus somjinensis* Kim & Kim
10. 잔가시고기	큰가시고기과	*Pungitius kaibarae* ssp.
11. 칠성장어	칠성장어과	*Lampetra japonica* (Martens)
12. 한둑중개	둑중개과	*Cottus hangiongensis* Mori

⑤ 곤충류

한국명	과 명	학 명
멸종 위기 Ⅰ급		
1. 두점박이사슴벌레	사슴벌레과	*Prosopocoilus blanchardi* (Parry)
2. 산굴뚝나비	뱀눈나비과	*Hipparchia autonoe* (Esper)
3. 상제나비	흰나비과	*Aporia crataegi* (Linnaeus)
4. 수염풍뎅이	검정풍뎅이과	*Polyphylla laticollis manchurica* Semenov
5. 장수하늘소	하늘소과	*Callipogon relictus* Semenov-Tian-Shansky
멸종 위기 Ⅱ급		
1. 고려집게벌레	긴사슴집게벌레과	*Challia fletcheri* Burr
2. 깊은산부전나비	부전나비과	*Protantigius superans* (Oberthür)
3. 꼬마잠자리	잠자리과	*Nannophya pygmaea* Rambur
4. 닻무늬길앞잡이	길앞잡이과	*Cicindela (Abroscelis) anchoralis* Chevrolat
5. 멋조롱박딱정벌레	딱정벌레과	*Damaster mirabilissimus* Ishikawa et Deuve
6. 물장군	물장군과	*Lethocerus deyrollei* (Vuillefroy)
7. 붉은점모시나비	호랑나비과	*Parnassius bremeri* Bremer
8. 비단벌레	비단벌레과	*Chrysochroa fulgidissima* (Schönherr)
9. 소똥구리	소똥구리과	*Gymnopleurus mopsus* (Pallas)
10. 쌍꼬리부전나비	부전나비과	*Spindasis takanonis* (Matsumura)
11. 애기뿔소똥구리	소똥구리과	*Copris tripartitus* Waterhouse
12. 왕은점표범나비	네발나비과	*Fabriciana nerippe* (C. et R. Felder)
13. 울도하늘소	하늘소과	*Psacothea hilaris* (Pascoe)
14. 주홍길앞잡이	길앞잡이과	*Cicindela hybrida nitida* Lichtenstein
15. 큰자색호랑꽃무지	꽃무지과	*Osmoderma opicum* Lewis

⑥ 무척추 동물

한국명	과 명	학 명
멸종 위기 Ⅰ급		
1. 귀이빨대칭이	석패과	*Cristaria plicata* (Leach)
2. 나팔고둥	수염고둥과	*Charonia sauliae* (Reeve)

3. 남방방게	바위게과	*Helice subquadrata* (Dana)
4. 두드럭조개	석패과	*Lamprotula coreana* (V. Martens)
5. 칼세오리옆새우	옆새우과	*Gammarus zeongogensis* Lee & Kim
멸종 위기 II급		
1. 갯게	바위게과	*Chasmagnathus convexus* De Haan
2. 검붉은수지맨드라미	곤봉바다맨드라미과	*Dendronephthya suensoni* (Holm)
3. 기수갈고둥	갈고둥과	*Clithon retropictus* (V. Martens)
4. 긴꼬리투구새우	투구새우과	*Triops longicaudatus* (LeConte)
5. 깃산호	폴립산호과	*Plumarella spinosa* Kinoshita
6. 대추귀고둥	대추귀고둥과	*Ellobium chinense* (Pfeiffer)
7. 둔한진총산호	총산호과	*Euplexaura crassa* Kükenthal
8. 망상맵시산호	측뾰족산호과	*Plexauroides reticulata* (Esper)
9. 밤수지맨드라미	곤봉바다맨드라미과	*Dendronephthya castanea* Utinomi
10. 별혹산호	회초리산호과	*Verrucella stellata* Nutting
11. 붉은발말똥게	바위게과	*Sesarmos intermedius* (De Haan)
12. 선침거미불가사리	침거미불가사리과	*Ophiacantha linea* Shin et Rho
13. 연수지맨드라미	곤봉바다맨드라미과	*Dendronephthya mollis* (Holm)
14. 유착나무돌산호	나무돌산호과	*Dendrophyllia cribrosa* M. Edw. et H.
15. 의염통성게	염통성게과	*Pseudomaretia alta* (A. Agassiz)
16. 자색수지맨드라미	곤봉바다맨드라미과	*Dendronephthya pütteri* Kükenthal
17. 잔가지나무돌산호	나무돌산호과	*Dendrophyllia micranthus* (Ehrenberg)
18. 장수삿갓조개	구멍삿갓조개과	*Scelidotoma vadososinuata hoonsooi* Choe, Yoon et Habe
19. 진홍나팔돌산호	나무돌산호과	*Tubastraea coccinea* (Hemprich et Ehrenberg)
20. 착생깃산호	폴립산호과	*Plumarella adhaerans* Nutting
21. 참달팽이	달팽이과	*Koreanohadra koreana* (Pfeiffer)
22. 측맵시산호	측뾰족산호과	*Plexauroides complexa* Nutting
23. 해송	해송과	*Antipathes japonica* Brook
24. 흰수지맨드라미	곤봉바다맨드라미과	*Dendronephthya alba* Utinomi

한국명	과 명	학 명
멸종 위기 Ⅰ급		
1. 광릉요강꽃 (광릉복주머니란)	난초과	*Cypripedium japonicum* Thunb.
2. 나도풍란	난초과	*Sedirea japonica* (Lindenb. et Rchb. fil.) Garay et Sweet
3. 만년콩	콩과	*Euchresta japonica* Hook. fil. ex Regel
4. 섬개야광나무	장미과	*Cotoneaster wilsonii* Nakai
5. 암매 (돌매화나무)	암매과	*Diapensia lapponica* L. var. *obovata* F. Schmidt
6. 죽백란	난초과	*Cymbidium lancifolium* Hook.
7. 풍란	난초과	*Neofinetia falcata* (Thunb.) Hu
8. 한란	난초과	*Cymbidium kanran* Makino
멸종 위기 Ⅱ급		
1. 가시연꽃	수련과	*Euryale ferox* Salisb.
2. 가시오갈피나무	두릅나무과	*Eleutherococcus senticosus* (Rurp. et Maxim.) Maxim.
3. 개가시나무	참나무과	*Quercus gilva* Blume
4. 개느삼	콩과	*Echinosophora koreensis* (Nakai) Nakai
5. 개병풍	범의귀과	*Astilboides tabularis* (Hemsl.) Engl.
6. 갯대추	갈매나무과	*Paliurus ramosissimus* (Lour.) Poir.
7. 기생꽃	앵초과	*Trientalis europaea* L. var. *arctica* Ledeb.
8. 깽깽이풀	매자나무과	*Jeffersonia dubia* (Maxim.) Benth. et Hook. ex Baker et S. Moore
9. 끈끈이귀개	끈끈이귀개과	*Drosera peltata* Smith ex Willd. var. *nipponica* (Masam.) Ohwi
10. 나도승마	범의귀과	*Kirengeshoma koreana* Nakai
11. 노랑만병초	진달래과	*Rhododendron aureum* Georgi
12. 노랑무늬붓꽃	붓꽃과	*Iris odaesanensis* Y. N. Lee
13. 노랑붓꽃	붓꽃과	*Iris koreana* Nakai

14. 단양쑥부쟁이	국화과	*Aster altaicus* Willd. var. *uchiyamae* (Nakai) Kitam.
15. 대청부채 (대청붓꽃)	붓꽃과	*Iris dichotoma* Pall.
16. 대흥란	난초과	*Cymbidium nipponicum* (Franch. et Sav.) Makino
17. 독미나리	산형과	*Cicuta virosa* L.
18. 둥근잎꿩의비름	돌나물과	*Hylotelephium ussuriense* (Kom.) H. Ohba
19. 망개나무	갈매나무과	*Berchemia berchemiaefolia* (Makino) Koidz.
20. 매화마름	미나리아재비과	*Ranunculus kazusensis* Makino
21. 무주나무	꼭두서니과	*Lasianthus japonicus* Miq.
22. 물부추	물부추과	*Isoetes japonica* A. Braun
23. 미선나무	물푸레나무과	*Abeliophyllum distichum* Nakai
24. 박달목서	물푸레나무과	*Osmanthus insularis* Koidz.
25. 백부자 (노랑돌쩌귀)	미나리아재비과	*Aconitum koreanum* (H. Lév.) Rapaics
26. 백운란	난초과	*Vexillabium yakushimense* (Yamamoto) F. Maek.
27. 산작약	미나리아재비과	*Paeonia obovata* Maxim.
28. 삼백초	삼백초과	*Saururus chinensis* (Lour.) Baill.
29. 선제비꽃	제비꽃과	*Viola raddeana* Regel
30. 섬시호	산형과	*Bupleurum latissimum* Nakai
31. 섬현삼	현삼과	*Scrophularia takesimensis* Nakai
32. 세뿔투구꽃	미나리아재비과	*Aconitum austro-koraiense* Koidz.
33. 솔나리	백합과	*Lilium cernuum* Kom.
34. 솔잎란	솔잎란과	*Psilotum nudum* (L.) Griseb.
35. 솜다리	국화과	*Leontopodium coreanum* Nakai
36. 순채	수련과	*Brasenia schreberi* J. F. Gmel.
37. 애기등	콩과	*Milletia japonica* (Siebold et Zucc.) A. Gray
38. 연잎꿩의다리	미나리아재비과	*Thalictrum coreanum* H. Lév.
39. 왕제비꽃	제비꽃과	*Viola websteri* Forb. et Hemsl.
40. 으름난초	난초과	*Galeola septentrionalis* Reichb. fil.

41. 자주땅귀개	통발과	*Utricularia yakusimensis* Masam.
42. 자주솜대 (자주지장보살)	백합과	*Smilacina bicolor* Nakai
43. 제주고사리삼	고사리삼과	*Mankyua chejuense* B. Y. Sun, M. H. Kim et C. H. Kim
44. 조름나물	조름나물과	*Menyanthes trifoliata* L.
45. 죽절초	홀아비꽃대과	*Chloranthus glaber* (Thunb.) Makino
46. 지네발란	난초과	*Sarcanthus scolopendrifolius* Makino
47. 진노랑상사화	수선화과	*Lycoris chinensis* Traub var. *sinuolata* K. H. Tae et S. C. Ko
48. 층층둥굴레	백합과	*Polygonatum stenophyllum* Maxim.
49. 큰연령초	백합과	*Trillium tschonoskii* Maxim.

50. 털복주머니란
   (털개불알꽃)
	난초과	*Cypripedium guttatum* Sw. var. *koreanum*
		   Nakai

51. 파초일엽	꼬리고사리과	*Asplenium antiquum* Makino
52. 한계령풀	매자나무과	*Leontice microrhyncha* S. Moore
53. 홍월귤	진달래과	*Arctous ruber* (Rehder et E. H. Wilson) Nakai
54. 황근	아욱과	*Hibiscus hamabo* Siebold et Zucc.
55. 황기	콩과	*Astragalus membranaceus* (Fisch.) Bunge
56. 히어리	조록나무과	*Corylopsis coreana* Uyeki

8 해조류

한국명	과 명	학 명
멸종 위기 II급		
1. 삼나무말	개모자반과	*Coccophora langsdorfii* (Turner) Greville

자연 환경 보전법

법률 제7297호
개정 2004. 12. 31
시행 2006. 1. 1

제 1 장 총 칙

제1조(목적) 이 법은 자연 환경을 인위적 훼손으로부터 보호하고, 생태계와 자연 경관을 보전하는 등 자연 환경을 체계적으로 보전·관리함으로써 자연 환경의 지속 가능한 이용을 도모하고, 국민이 쾌적한 자연 환경에서 여유 있고 건강한 생활을 할 수 있도록 함을 목적으로 한다.

제2조(정의) 이 법에서 사용하는 용어의 정의는 다음과 같다.

1. '자연 환경'이라 함은 지하·지표(해양을 포함한다.) 및 지상의 모든 생물과 이들을 둘러싸고 있는 비생물적인 것을 포함한 자연의 상태(생태계 및 자연 경관을 포함한다.)를 말한다.
2. '자연 환경 보전'이라 함은 자연 환경을 체계적으로 보존·보호 또는 복원하고, 생물 다양성을 높이기 위하여 자연을 조성하고 관리하는 것을 말한다.
3. '자연 환경의 지속 가능한 이용'이라 함은 현재와 장래의 세대가 동등한 기회를 가지고 자연 환경을 이용하거나 혜택을 누릴 수 있도록 하는 것을 말한다.
4. '자연 생태'라 함은 자연의 상태에서 이루어진 지리적 또는 지질적 환경과 그 조건 아래에서 생물이 생활하고 있는 일체의 현상을 말한다.

5. '생태계'라 함은 일정한 지역의 생물 공동체와 이를 유지하고 있는 무기적(無機的) 환경이 결합된 물질계 또는 기능계를 말한다.

6. '소(小)생태계'라 함은 생물 다양성을 높이고, 야생 동식물의 서식지 간의 이동 가능성 등 생태계의 연속성을 높이거나 특정한 생물종의 서식 조건을 개선하기 위하여 조성하는 생물 서식 공간을 말한다.

7. '생물 다양성'이라 함은 육상 생태계, 해양, 그 밖의 수생 생태계와 이들의 복합 생태계를 포함하는 모든 원천에서 발생한 생물체의 다양성을 말하며, 종내(種內)·종간(種間) 및 생태계의 다양성을 포함한다.

8. '생태축'이라 함은 생물 다양성을 증진시키고 생태계 기능의 연속성을 위하여 생태적으로 중요한 지역 또는 생태적 기능의 유지가 필요한 지역을 연결하는 생태적 서식 공간을 말한다.

9. '생태 통로'라 함은 도로·댐·수중보(水中洑)·하구언(河口堰) 등으로 인하여 야생 동식물의 서식지가 단절되거나 훼손 또는 파괴되는 것을 방지하고, 야생 동식물의 이동 등 생태계의 연속성 유지를 위하여 설치하는 인공 구조물·식생 등의 생태적 공간을 말한다.

10. '자연 경관'이라 함은 자연 환경적 측면에서 시각적·심미적인 가치를 가지는 지역·지형 및 이에 부속된 자연 요소 또는 사물이 복합적으로 어우러진 자연의 경치를 말한다.

11. '대체 자연'이라 함은 기존의 자연 환경과 유사한 기능을 수행하거나 보완적 기능을 수행하도록 하기 위하여 조성하는 것을 말한다.

12. '생태·경관 보전 지역'이라 함은 생물 다양성이 풍부하여 생태적으로 중요하거나 자연 경관이 수려하여 특별히 보전할 가치가 큰 지역으로서 제12조 및 제13조 제3항의 규정에 의하여 환경부 장관이 지정·고시하는 지역을 말한다.

13. '자연 유보 지역'이라 함은 사람의 접근이 사실상 불가능하여

생태계의 훼손이 방지되고 있는 지역 중 군사상의 목적으로 이용
되는 외에는 특별한 용도로 사용되지 아니하는 무인도로서, 대통
령령이 정하는 지역과 관할권이 대한 민국에 속하는 날부터 2년
간의 비무장 지대를 말한다.

14. '생태·자연도'라 함은 산·하천·습지·호소(湖沼)·농지·도
시·해양 등에 대하여 자연 환경을 생태적 가치, 자연성, 경관적
가치 등에 따라 등급화하여 제34조의 규정에 의하여 작성된 지
도를 말한다.

15. '자연 자산'이라 함은 인간의 생활이나 경제 활동에 이용될 수
있는 유형·무형의 가치를 가진 자연 상태의 생물과 비생물적인
것의 총체를 말한다.

16. '생물 자원'이라 함은 사람을 위하여 가치가 있거나 실제적 또
는 잠재적 용도가 있는 유전 자원, 생물체, 생물체의 부분, 개체
군 또는 생물의 구성 요소를 말한다.

17. '생태 마을'이라 함은 생태적 기능과 수려한 자연 경관을 보유
하고 이를 지속 가능하게 보전·이용할 수 있는 역량을 가진 마
을로서, 환경부 장관 또는 지방 자치 단체의 장이 제42조의 규정
에 의하여 지정한 마을을 말한다.

제3조(자연 환경 보전의 기본 원칙) 자연 환경은 다음의 기본 원칙에
따라 보전되어야 한다.

1. 자연 환경은 모든 국민의 자산으로서 공익에 적합하게 보전되고,
현재와 장래의 세대를 위하여 지속 가능하게 이용되어야 한다.

2. 자연 환경 보전은 국토의 이용과 조화·균형을 이루어야 한다.

3. 자연 생태와 자연 경관은 인간 활동과 자연의 기능 및 생태적 순
환이 촉진되도록 보전·관리되어야 한다.

4. 모든 국민이 자연 환경 보전에 참여하고, 자연 환경을 건전하게
이용할 수 있는 기회가 증진되어야 한다.

5. 자연 환경을 이용하거나 개발하는 때에는 생태적 균형이 파괴되

거나 그 가치가 저하되지 아니하도록 하여야 한다. 다만, 자연 생
태와 자연 경관이 파괴·훼손되거나 침해되는 때에는 최대한 복
원·복구되도록 노력하여야 한다.
6. 자연 환경 보전에 따르는 부담은 공평하게 분담되어야 하며, 자
연 환경으로부터 얻어지는 혜택은 지역 주민과 이해 관계인이 우
선하여 누릴 수 있도록 하여야 한다.
7. 자연 환경 보전과 자연 환경의 지속 가능한 이용을 위한 국제 협
력은 증진되어야 한다.

제4조(국가·지방 자치 단체 및 사업자의 책무) ① 국가 및 지방 자치
단체는 제1조의 목적과 제3조의 규정에 의한 자연 환경 보전의 기본
원칙에 따라 다음의 조치를 강구하여 시행할 책무를 진다.
1. 국토의 개발 및 이용 등으로 인한 자연 환경의 훼손 방지 및 자연
환경의 지속 가능한 이용을 위한 자연 환경 보전 대책의 수립·시행
2. 자연 생태·자연 경관 등 자연 환경과 조화를 이루는 토지의 이
용, 개발 계획 및 개발 사업의 수립·시행
3. 생태 통로의 설치 등 생태계의 연속성을 유지하기 위한 대책의
수립·시행
4. 자연 환경 훼손지에 대한 복원·복구 대책의 수립·시행
5. 생태 복원 기술의 개발, 생태 복원 전문 기관의 육성 등 생태계
복원을 위하여 필요한 시책의 수립·시행
6. 민간 단체·사업자·국민 등이 자연 환경 보전에 적극 참여하도
록 하는 시책의 추진 및 여건의 조성
7. 자연 환경에 관한 조사·연구·기술 개발 및 전문 인력 양성 등
자연 환경 보전을 위한 과학 기술의 진흥
8. 자연 환경 보전에 관한 교육 및 홍보를 통한 자연 환경 보전의
중요성에 대한 국민 인식의 증진
9. 자연 환경 보전 및 지구 환경 보전에 관한 국제 협력
② 사업자는 사업 활동을 함에 있어서 다음 각호의 사항을 준수하여야 한다.

1. 자연 생태 · 자연 경관을 우선적으로 고려할 것.
2. 사업 활동으로부터 비롯되는 자연 환경 훼손에 대하여 스스로 복원 · 복구하는 등의 필요한 조치를 할 것.
3. 제1항의 규정에 의한 국가 및 지방 자치 단체의 자연 환경 보전 대책 등에 참여하고 협력할 것.

제5조(자연 보호 운동) 정부는 모든 국민이 자연 보호 운동에 참여하도록 지방 자치 단체와 민간 단체 등을 지원하고, 지역별로 생태적 특성을 고려하여 자연 보호 운동이 실시될 수 있도록 하여야 한다.

제6조(자연 환경 보전 기본 방침) ① 환경부 장관은 제1조의 목적과 제3조의 규정에 의한 자연 환경 보전의 기본 원칙을 실현하기 위하여 관계 중앙 행정 기관의 장 및 특별시장 · 광역시장 · 도지사(이하 '시 · 도지사' 라 한다.)의 의견을 듣고, 환경 정책 기본법 제37조의 규정에 의한 환경 보전 자문 위원회(이하 '중앙 환경 보전 자문 위원회' 라 한다.) 및 국무 회의의 심의를 거쳐 자연 환경 보전을 위한 기본 방침(이하 '자연 환경 보전 기본 방침' 이라 한다.)을 수립하여야 한다.
② 자연 환경 보전 기본 방침에는 다음의 사항이 포함되어야 한다.
1. 자연 환경의 체계적 보전 · 관리, 자연 환경의 지속 가능한 이용
2. 중요하게 보전하여야 할 생태계의 선정, 멸종 위기에 처하여 있거나 생태적으로 중요한 생물종 및 생물 자원의 보호
3. 자연 환경 훼손지의 복원 · 복구
4. 생태 · 경관 보전 지역의 관리 및 해당 지역 주민의 삶의 질 향상
5. 산 · 하천 · 습지 · 농지 · 섬 · 해양 등에 있어서 생태적 건전성의 향상 및 생태 통로 · 소생태계 · 대체 자연의 조성 등을 통한 생물 다양성의 보전
6. 자연 환경에 관한 국민 교육과 민간 활동의 활성화
7. 자연 환경 보전에 관한 국제 협력
8. 그 밖에 자연 환경 보전에 관하여 대통령령이 정하는 사항

③ 환경부 장관은 자연 환경 보전 기본 방침을 수립한 때에는 이를 관계 중앙 행정 기관의 장 및 시·도지사에게 통보하여야 한다.
④ 관계 중앙 행정 기관의 장 및 시·도지사는 자연 환경 보전 기본 방침에 따른 추진 방침 또는 실천 계획(시·도지사의 경우 실천 계획에 한한다.)을 수립하고 이를 환경부 장관에게 통보하여야 한다.

제7조(주요 시책의 협의 등) ① 중앙 행정 기관의 장은 자연 환경 보전과 직접적인 관계가 있는 주요 시책 또는 계획을 수립·시행하고자 하는 때에는 미리 환경부 장관과 협의하여야 한다. 다만, 다른 법률에 의하여 환경부 장관과 협의한 경우에는 그러하지 아니하다.
② 환경부 장관은 관계 중앙 행정 기관의 장과 협의하여 개발 계획 및 개발 사업(이하 '개발 사업 등'이라 한다.)을 수립·시행함에 있어서 자연 환경 보전 및 자연 환경의 지속 가능한 이용을 위하여 고려하여야 할 지침을 작성하여 활용하도록 할 수 있다.
③ 제1항의 규정에 의한 협의의 대상이 되는 주요 시책 또는 계획의 종류, 그 밖에 필요한 사항은 대통령령으로 정한다.

제8조(자연 환경 보전 기본 계획의 수립) ① 환경부 장관은 전국의 자연 환경 보전을 위한 기본 계획(이하 '자연 환경 보전 기본 계획'이라 한다.)을 10년마다 수립하여야 한다.
② 자연 환경 보전 기본 계획은 중앙 환경 보전 자문 위원회의 심의를 거쳐 확정한다.
③ 환경부 장관은 자연 환경 보전 기본 계획을 수립함에 있어서 미리 관계 중앙 행정 기관의 장과 협의를 거쳐야 한다. 이 경우 자연 환경 보전 기본 방침과 제6조 제4항의 규정에 의하여 관계 중앙 행정 기관의 장 및 시·도지사가 통보하는 추진 방침 또는 실천 계획을 고려하여야 한다.
④ 환경부 장관은 관계 중앙 행정 기관의 장 및 시·도지사에게 자연 환경 보전 기본 계획에 반영하여야 할 정책 및 사업에 관한 소관별 계

획안을 제출하도록 요청할 수 있다.

⑤ 제2항 내지 제4항의 규정은 확정된 자연 환경 보전 기본 계획을 변경하고자 하는 경우에 이를 준용한다. 다만, 대통령령이 정하는 경미한 사항을 변경하는 경우에는 중앙 환경 보전 자문 위원회의 심의를 생략할 수 있다.

제9조(자연 환경 보전 기본 계획의 내용) 자연 환경 보전 기본 계획에는 다음의 내용이 포함되어야 한다.

1. 자연 환경의 현황 및 전망에 관한 사항
2. 자연 환경 보전에 관한 기본 방향 및 보전 목표 설정에 관한 사항
3. 자연 환경 보전을 위한 주요 추진 과제에 관한 사항
4. 지방 자치 단체별로 추진할 주요 자연 보전 시책에 관한 사항
5. 자연 경관의 보전·관리에 관한 사항
6. 생태축의 구축·추진에 관한 사항
7. 생태 통로 설치, 훼손지 복원 등 생태계 복원을 위한 주요 사업에 관한 사항
8. 제11조의 규정에 의한 자연 환경 종합 지리 정보 시스템의 구축·운영에 관한 사항
9. 사업 시행에 소요되는 경비의 산정 및 재원 조달 방안에 관한 사항
10. 그 밖에 자연 환경 보전에 관하여 대통령령이 정하는 사항

제10조(자연 환경 보전 기본 계획의 시행) ① 환경부 장관은 제8조 제2항의 규정에 의하여 자연 환경 보전 기본 계획을 확정한 때에는 이를 지체없이 관계 중앙 행정 기관의 장 및 시·도지사에게 통보하여야 한다.

② 관계 중앙 행정 기관의 장 및 시·도지사는 자연 환경 보전 기본 계획의 내용을 소관 업무와 관련된 정책 및 계획에 반영하는 등 자연 환경 보전 기본 계획의 시행을 위한 필요한 조치를 하여야 한다.

③ 환경부 장관은 자연 환경 보전 기본 계획의 시행 성과를 2년마다 정

기적으로 분석·평가하고, 그 결과를 자연 환경 보전 정책에 반영하여
야 한다.

제11조(자연 환경 정보망 구축·운영 등) ① 환경부 장관은 자연 환경
에 관한 지식 정보의 원활한 생산·보급 등을 위하여 생태·자연도,
생물종(生物種) 정보 등을 전산화한 자연 환경 종합 지리 정보 시스템
(이하 '자연 환경 정보망' 이라 한다.)을 구축·운영할 수 있다.
② 환경부 장관은 관계 행정 기관의 장에게 자연 환경 정보망의 구
축·운영에 필요한 자료의 제출을 요청할 수 있다. 이 경우 관계 행정
기관의 장은 특별한 사유가 없는 한 이에 응하여야 한다.
③ 환경부 장관은 자연 환경 정보망의 효율적인 구축·운영을 위하여
필요한 경우에는 자연 환경 정보망의 구축·운영을 전문 기관에 위탁
할 수 있다.
④ 자연 환경 정보망의 구축·운영 및 전문 기관의 위탁에 관하여 필
요한 사항은 대통령령으로 정한다.

제 2 장 생태·경관 보전 지역의 관리 등

제12조(생태·경관 보전 지역) ① 환경부 장관은 다음 각호의 어느 하
나에 해당하는 지역으로서 자연 생태·자연 경관을 특별히 보전할 필
요가 있는 지역을 생태·경관 보전 지역으로 지정할 수 있다.
  1. 자연 상태가 원시성을 유지하고 있거나 생물 다양성이 풍부하여
    보전 및 학술적 연구 가치가 큰 지역
  2. 지형 또는 지질이 특이하여 학술적 연구 또는 자연 경관의 유지
    를 위하여 보전이 필요한 지역
  3. 다양한 생태계를 대표할 수 있는 지역 또는 생태계의 표본 지역
  4. 그 밖에 하천·산간 계곡 등 자연 경관이 수려하여 특별히 보전

할 필요가 있는 지역으로서 대통령령이 정하는 지역

② 환경부 장관은 생태·경관 보전 지역의 지속 가능한 보전·관리를 위하여 생태적 특성, 자연 경관 및 지형 여건 등을 고려하여 생태·경관 보전 지역을 다음과 같이 구분하여 지정·관리할 수 있다.

1. 생태·경관 핵심 보전 구역(이하 '핵심 구역'이라 한다.) : 생태계의 구조와 기능의 훼손 방지를 위하여 특별한 보호가 필요하거나 자연 경관이 수려하여 특별히 보호하고자 하는 지역

2. 생태·경관 완충 보전 구역(이하 '완충 구역'이라 한다.) : 핵심 구역의 연접 지역으로서 핵심 구역의 보호를 위하여 필요한 지역

3. 생태·경관 전이(轉移) 보전 구역(이하 '전이 구역'이라 한다.) : 핵심 구역 또는 완충 구역에 둘러싸인 취락 지역으로서 지속 가능한 보전과 이용을 위하여 필요한 지역

③ 환경부 장관은 생태·경관 보전 지역이 군사 목적 또는 천재지변, 그 밖의 사유로 인하여 제1항의 규정에 의한 생태·경관 보전 지역으로서의 가치를 상실하거나 보전할 필요가 없게 된 경우에는 그 지역을 해제·변경할 수 있다.

제13조(생태·경관 보전 지역의 지정·변경 절차) ① 환경부 장관은 생태·경관 보전 지역을 지정하거나 변경하고자 하는 때에는 다음의 내용을 포함한 지정 계획서에 대통령령이 정하는 지형도를 첨부하여 당해 지역 주민과 이해 관계인 및 지방 자치 단체의 장의 의견을 수렴한 후 관계 중앙 행정 기관의 장과의 협의 및 중앙 환경 보전 자문 위원회의 심의를 거쳐야 한다. 다만, 대통령령이 정하는 경미한 사항의 변경은 중앙 환경 보전 자문 위원회의 심의를 생략할 수 있다.

1. 지정 사유 및 목적
2. 지정 면적 및 범위
3. 자연 생태·자연 경관의 현황 및 특징
4. 토지 이용 현황
5. 핵심 구역·완충 구역 및 전이 구역의 구분 개요 및 해당 구역별

관리 방안

② 제1항의 규정에 의하여 의견 청취 또는 협의의 요청을 받은 지방 자치 단체의 장 또는 관계 중앙 행정 기관의 장은 특별한 사유가 없는 한 그 요청을 받은 날부터 30일 이내에 환경부 장관에게 의견을 제시하여야 한다.

③ 환경부 장관은 제1항의 규정에 의하여 생태·경관 보전 지역을 지정하거나 변경한 때에는 지체없이 환경부령이 정하는 지정 또는 변경 내용을 관보에 고시하여야 한다.

제14조(생태·경관 보전 지역 관리 기본 계획) 환경부 장관은 생태·경관 보전 지역에 대하여 관계 중앙 행정 기관의 장 및 관할 시·도지사와 협의하여 다음의 사항이 포함된 생태·경관 보전 지역 관리 기본 계획을 수립·시행하여야 한다.

1. 자연 생태·자연 경관과 생물 다양성의 보전·관리
2. 생태·경관 보전 지역 주민의 삶의 질 향상과 이해 관계인의 이익 보호
3. 자연 자산의 관리와 생태계의 보전을 통하여 지역 사회의 발전에 이바지하도록 하는 사항
4. 그 밖에 생태·경관 보전 지역 관리 기본 계획의 수립·시행에 필요한 사항으로서 대통령령이 정하는 사항

제15조(생태·경관 보전 지역에서의 행위 제한 등) ① 누구든지 생태·경관 보전 지역 안에서는 다음 각호의 어느 하나에 해당하는 자연 생태 또는 자연 경관의 훼손 행위를 하여서는 아니 된다. 다만, 생태·경관 보전 지역 안에 자연 공원법에 의하여 지정된 공원 구역 또는 문화재 보호법에 의한 문화재(보호 구역을 포함한다.)가 포함된 경우에는 자연 공원법 또는 문화재 보호법이 정하는 바에 의한다.

1. 핵심 구역 안에서 야생 동식물을 포획·채취·이식(移植)·훼손하거나 고사(枯死)시키는 행위, 또는 포획하거나 고사시키기 위하

여 화약류·덫·올무·그물·함정 등을 설치하거나 유독물·농
약 등을 살포·주입(注入)하는 행위

2. 건축물, 그 밖의 공작물(이하 '건축물 등'이라 한다.)의 신축·
   증축(생태·경관 보전 지역 지정 당시의 건축 연면적의 2배 이상
   증축하는 경우에 한한다.) 및 토지의 형질 변경

3. 하천·호소 등의 구조를 변경하거나 수위 또는 수량에 증감을 가
   져오는 행위

4. 토석의 채취

5. 그 밖에 자연 환경 보전에 유해하다고 인정되는 행위로서 대통령
   령이 정하는 행위

② 다음 각호의 어느 하나에 해당하는 경우에는 제1항의 규정을 적용
하지 아니한다.

1. 군사 목적을 위하여 필요한 경우

2. 천재지변 또는 이에 준하는 대통령령이 정하는 재해가 발생하여
   긴급한 조치가 필요한 경우

3. 생태·경관 보전 지역 안에 거주하는 주민의 생활 양식의 유지
   또는 생활 향상을 위하여 필요하거나 생태·경관 보전 지역 지정
   당시에 실시하던 영농 행위를 지속하기 위하여 필요한 행위 등 대
   통령령이 정하는 행위를 하는 경우

4. 환경부 장관이 당해 지역의 보전에 지장이 없다고 인정하여 환경
   부령이 정하는 바에 따라 허가하는 경우

5. 농어촌 정비법 제2조의 규정에 의한 농업 생산 기반 정비 사업
   으로서 제14조의 규정에 의한 생태·경관 보전 지역 관리 기본
   계획에 포함된 사항을 시행하는 경우

6. 산림법에 의한 영림 계획 및 산림 보호·산림 유전 자원 보호림
   의 보전을 위하여 시행하는 사업으로서 나무를 베어 내거나 토지
   의 형질 변경을 수반하지 아니하는 경우

7. 다른 법률에 의하여 관계 행정 기관의 장이 직접 실시하거나 관
   계 행정 기관의 장이 인가·허가 또는 승인 등(이하 '인·허가

등' 이라 한다.)을 하는 경우. 이 경우 관계 행정 기관의 장은 미리
환경부 장관과 협의하여야 한다.

    8. 환경부 장관이 생태·경관 보전 지역을 보호·관리하기 위하여
대통령령이 정하는 행위 및 필요한 시설을 설치하는 경우

③ 제1항의 규정에 불구하고 완충 구역 안에서는 다음의 행위를 할 수
있다.

    1. 지적법에 의한 지목이 대지(생태·경관 보전 지역 지정 이전의
지목이 대지인 경우에 한한다.)인 토지에서 주거·생계 등을 위한
건축물 등으로서 대통령령이 정하는 건축물 등의 설치

    2. 생태 탐방·생태 학습 등을 위하여 대통령령이 정하는 시설의 설치

    3. 산림법에 의한 영림 계획과 산림 보호 및 산림 유전 자원 보호림
등의 보전·관리를 위하여 시행하는 산림 사업

    4. 하천 유량 및 지하수 관측 시설, 배수로의 설치 또는 이와 유사
한 농·임·수산업에 부수되는 건축물 등의 설치

    5. 장사 등에 관한 법률 제13조 제1항 제1호의 규정에 의한 개인
묘지의 설치

④ 제1항의 규정에 불구하고 전이 구역 안에서는 다음의 행위를 할 수
있다.

    1. 제3항 각호의 행위

    2. 전이 구역 안에 거주하는 주민의 생활 양식의 유지 또는 생활 향
상 등을 위한 대통령령이 정하는 건축물 등의 설치

    3. 생태·경관 보전 지역을 방문하는 사람을 위한 대통령령이 정하
는 음식·숙박·판매 시설의 설치

    4. 도로, 상하수도 시설 등 지역 주민 및 탐방객의 생활 편의 등을
위하여 대통령령이 정하는 공공용 시설 및 생활 편의 시설의 설치

⑤ 환경부 장관은 취약한 자연 생태·자연 경관의 보전을 위하여 특히
필요한 경우에는 대통령령이 정하는 개발 사업을 제한하거나 제2항
제3호의 규정에 불구하고 영농 행위를 제한할 수 있다.

제16조(생태·경관 보전 지역에서의 금지 행위) 누구든지 생태·경관 보전 지역 안에서 다음 각호의 어느 하나에 해당하는 행위를 하여서는 아니 된다. 다만, 군사 목적을 위하여 필요한 경우, 천재지변 또는 이에 준하는 대통령령이 정하는 재해가 발생하여 긴급한 조치가 필요한 경우에는 그러하지 아니하다.

1. 수질 환경 보전법 제2조의 규정에 의한 특정 수질 유해 물질, 폐기물 관리법 제2조의 규정에 의한 폐기물 또는 유해 화학 물질 관리법 제2조의 규정에 의한 유독물을 버리는 행위
2. 환경부령이 정하는 인화 물질을 소지하거나 환경부 장관이 지정하는 장소 외에서 취사 또는 야영을 하는 행위(핵심 구역 및 완충 구역에 한한다.)
3. 자연 환경 보전에 관한 안내판, 그 밖의 표지물을 오손 또는 훼손하거나 이전하는 행위
4. 그 밖에 생태·경관 보전 지역의 보전을 위하여 금지하여야 할 행위로서 풀·나무의 채취 및 벌채 등 대통령령이 정하는 행위

제17조(중지 명령 등) 환경부 장관은 생태·경관 보전 지역 안에서 제15조 제1항의 규정에 위반되는 행위를 한 사람에 대하여 그 행위의 중지를 명하거나 상당한 기간을 정하여 원상 회복을 명할 수 있다. 다만, 원상 회복이 곤란한 경우에는 대체 자연의 조성 등 이에 상응하는 조치를 하도록 명할 수 있다.

제18조(자연 생태·자연 경관의 보전을 위한 토지 등의 확보) ① 환경부 장관은 생태·경관 보전 지역, 생태적 가치가 우수하거나 자연 경관이 수려하여 생태·경관 보전 지역으로 지정할 필요가 있다고 인정되는 지역에 소재하는 국유의 토지·건축물, 그 밖에 그 토지에 정착된 물건(이하 '토지 등'이라 한다.)이 군사 목적 또는 문화재의 보호 목적 등으로 사용할 필요가 없게 되는 경우에는 국방부 장관·문화재청장 등 당해 토지 등의 관리권을 보유하고 있는 중앙 행정 기관의 장

에게 국유 재산법 제15조의 규정에 의한 관리환(管理換)을 요청할 수 있다. 다만, 징발 재산 정리에 관한 특별 조치법 제20조 및 제20조의 2의 규정과 국가 보위에 관한 특별 조치법 제5조 제4항에 의한 동원 대상 지역 내의 토지의 수용·사용에 관한 특별 조치령에 의하여 수용·사용된 토지의 정리에 관한 특별 조치법 제2조 및 제3조의 규정에 의한 토지는 그러하지 아니하다.

② 환경부 장관은 제1항의 규정에 의한 관리환의 대상이 되는 토지 등을 선정하기 위하여 대통령령이 정하는 바에 의하여 국방부 장관·문화재청장 등 관계 중앙 행정 기관의 장과 협의하여 토지 등에 대한 조사를 할 수 있다.

제19조(생태·경관 보전 지역 등의 토지 등의 매수) ① 환경부 장관은 생태·경관 보전 지역 및 자연 유보 지역의 생태계를 보전하기 위하여 필요한 경우에는 동지역의 토지 등을 그 소유자와 협의하여 매수할 수 있다.

② 제1항의 규정에 의하여 토지 등을 매수하는 경우의 매수 가격은 공익 사업을 위한 토지 등의 취득 및 보상에 관한 법률에 의하여 산정한 가액에 의한다.

제20조(생태·경관 보전 지역의 주민 지원) ① 환경부 장관은 생태·경관 보전 지역에 수질 오염 등의 영향을 직접 끼칠 수 있는 지역(이하 이 조에서 '인접 지역'이라 한다.)에서 그 지역의 주민이 주택을 증축하는 등의 경우 오수·분뇨 및 축산 폐수의 처리에 관한 법률에 의한 오수 또는 분뇨의 처리 시설을 설치하는 경비의 전부 또는 일부를 지원할 수 있다.

② 환경부 장관은 생태·경관 보전 지역 및 인접 지역에 대하여 우선적으로 오수 및 폐수의 처리를 위한 지원 방안을 수립하여야 한다. 이 경우 지원에 필요한 조치 및 환경 친화적 농·임·어업의 육성을 위하여 필요한 조치를 하도록 관계 중앙 행정 기관의 장 또는 당해 지방 자

치 단체의 장에게 요청할 수 있다.

③ 제1항의 규정에 의한 생태·경관 보전 지역 및 인접 지역에 대한 지원의 절차·방법 등 필요한 사항은 대통령령으로 정한다.

제21조(생태·경관 보전 지역의 우선 이용 등) ① 환경부 장관은 관계 중앙 행정 기관의 장 및 지방 자치 단체의 장과 협의하여 생태·경관 보전 지역의 주민이 당해 생태·경관 보전 지역을 우선하여 이용할 수 있도록 한다. 다만, 토지 소유자 등 이해 관계인이 있는 경우에는 그와 합의가 이루어진 때에 한한다.

② 제1항의 규정에 의하여 생태·경관 보전 지역을 이용하는 지역 주민은 그 보전을 위하여 노력하여야 한다.

제22조(자연 유보 지역) ① 환경부 장관은 자연 유보 지역에 대하여 관계 중앙 행정 기관의 장 및 관할 시·도지사와 협의하여 생태계의 보전과 자연 환경의 지속 가능한 이용을 위한 종합 계획 또는 방침을 수립하여야 한다.

② 자연 유보 지역의 행위 제한 및 중지 명령 등에 관하여는 제15조 제1항·제2항·제5항, 제16조 및 제17조의 규정을 준용한다. 다만, 비무장 지대 안에서 남·북한 간의 합의에 의하여 실시하는 평화적 이용 사업과 통일부 장관이 환경부 장관과 협의하여 실시하는 통일 정책 관련 사업에 대하여는 그러하지 아니하다.

제23조(시·도 생태·경관 보전 지역의 지정·보전) ① 시·도지사는 생태·경관 보전 지역에 준하여 보전할 필요가 있다고 인정되는 지역을 시·도 생태·경관 보전 지역으로 지정하여 관리할 수 있다.

② 환경부 장관은 시·도지사에게 당해 지역을 대표하는 자연 생태·자연 경관을 보전할 필요가 있는 지역을 시·도 생태·경관 보전 지역으로 지정하여 관리하도록 권고할 수 있다.

③ 시·도 생태·경관 보전 지역의 지정 기준·구역 구분·지정 해제

등에 관한 사항은 제12조의 규정을 준용한다.

제24조(시 · 도 생태 · 경관 보전 지역 지정 절차 등) ① 시 · 도지사는 시 · 도 생태 · 경관 보전 지역을 지정 또는 변경하고자 하는 때에는 제13조 제1항의 규정에 의한 각호의 내용을 포함한 지정 계획서에 대통령령이 정하는 지형도를 첨부하여 당해 지역 주민과 이해 관계인 및 시장 · 군수 · 구청장(자치구의 구청장을 말한다. 이하 같다.)의 의견을 수렴한 후 관할 유역 환경청장 또는 지방 환경청장(이하 '지방 환경 관서의 장'이라 한다.) 및 관계 행정 기관의 장과의 협의를 거쳐 환경 정책 기본법 제37조의 규정에 의한 시 · 도 환경 보전 자문 위원회(이하 '지방 환경 보전 자문 위원회'라 한다.)의 심의를 받아야 한다. 다만, 시 · 도 조례로 정하는 경미한 사항의 변경은 지방 환경 보전 자문 위원회의 심의를 생략할 수 있다.
② 제1항의 규정에 의하여 의견 청취 또는 협의의 요청을 받은 관할 시장 · 군수 · 구청장, 관할 지방 환경 관서의 장 또는 관계 행정 기관의 장은 특별한 사유가 없는 한 그 요청을 받은 날부터 30일 이내에 의견을 제시하여야 한다.
③ 시 · 도지사는 제1항의 규정에 의하여 시 · 도 생태 · 경관 보전 지역을 지정하거나 변경한 때에는 당해 지역의 위치 · 면적 · 지정 연월일, 그 밖에 당해 지방 자치 단체의 조례가 정하는 사항을 고시하여야 한다.

제25조(시 · 도 생태 · 경관 보전 지역 관리 계획) 시 · 도지사는 제14조의 규정에 준하여 당해 지방 자치 단체가 정하는 조례에 따라 시 · 도 생태 · 경관 보전 지역 관리 계획을 수립 · 시행하여야 한다.

제26조(시 · 도 생태 · 경관 보전 지역의 행위 제한 등) 시 · 도지사는 제15조 내지 제17조의 규정에 준하여 당해 지방 자치 단체가 정하는 조례에 따라 시 · 도 생태 · 경관 보전 지역의 보전 · 관리를 위하여 필요한 조치를 할 수 있다.

제27조(자연 경관의 보전) ① 관계 중앙 행정 기관의 장 및 지방 자치 단체의 장은 경관적 가치가 높은 해안선 등 주요 경관 요소가 훼손되거나 시계(視界)가 차단되지 아니하도록 노력하여야 한다.
② 지방 자치 단체의 장은 조례가 정하는 바에 따라 각종 사업을 시행함에 있어서 자연 경관을 보전할 수 있도록 필요한 조치를 하여야 한다.
③ 환경부 장관은 자연 경관을 보전하기 위하여 필요한 지침을 작성하여 관계 행정 기관의 장 및 지방 자치 단체의 장에게 통보할 수 있다.

제28조(자연 경관 영향의 협의 등) ① 관계 행정 기관의 장 및 지방 자치 단체의 장은 다음 각호의 어느 하나에 해당하는 개발 사업 등으로서 환경 정책 기본법 제25조의 규정에 의한 사전 환경성 검토 협의 대상 사업 또는 환경 · 교통 · 재해 등에 관한 영향 평가법 제4조의 규정에 의한 환경 영향 평가 협의 대상 사업에 해당하는 개발 사업 등에 대한 인 · 허가 등을 하고자 하는 때에는 당해 개발 사업 등이 자연 경관에 미치는 영향 및 보전 방안 등을 사전 환경성 검토 협의 또는 환경 영향 평가 협의 내용에 포함하여 환경부 장관 또는 지방 환경 관서의 장과 협의를 하여야 한다.

  1. 다음 각목의 어느 하나에 해당하는 지역으로부터 대통령령이 정하는 거리 이내의 지역에서의 개발 사업 등

    가. 자연 공원법 제2조 제1호의 규정에 의한 자연 공원

    나. 습지 보전법 제8조의 규정에 의하여 지정된 습지 보호 지역

    다. 생태 · 경관 보전 지역

  2. 제1호 외의 개발 사업 등으로서 자연 경관에 미치는 영향이 크다고 판단되어 대통령령이 정하는 개발 사업 등

② 환경부 장관 또는 지방 환경 관서의 장은 제1항의 규정에 의하여 협의를 요청받은 경우에는 당해 개발 사업 등이 자연 경관에 미치는 영향 및 보전 방안 등에 대하여 환경부 장관은 중앙 환경 보전 자문 위원회의 심의를, 지방 환경 관서의 장은 제29조의 규정에 의한 자연 경관 심의 위원회의 심의를 거쳐야 한다.

③ 지방 자치 단체의 장은 제1항 각호의 개발 사업 등으로서 사전 환경 성 검토 협의 및 환경 영향 평가 협의 대상 사업이 아닌 개발 사업 등과 그 밖에 자연 경관에 미치는 영향이 크다고 판단되어 지방 자치 단체의 조례로 정하는 개발 사업 등에 대하여 인·허가 등을 하고자 하는 때에는 환경부령이 정하는 자연 경관에 관한 검토 기준을 따라야 한다. 다만, 국토의 계획 및 이용에 관한 법률 제59조의 규정에 의한 지방 도시 계획 위원회의 심의를 거치는 경우 등 대통령령이 정하는 경우에는 그러하지 아니하다.

제29조(자연 경관 심의 위원회 구성 및 운영) ① 지방 환경 관서의 장이 제28조의 규정에 의한 협의를 요청받는 경우 이에 관한 전문적이고 효율적인 검토·심의를 위하여 지방 환경 관서의 장 소속하에 자연 경관 심의 위원회를 둔다.
② 제1항의 규정에 의한 자연 경관 심의 위원회의 구성·운영 등에 관하여 필요한 사항은 대통령령으로 정한다.

제 3 장 생물 다양성의 보전

제30조(자연 환경 조사) ① 환경부 장관은 관계 중앙 행정 기관의 장과 협조하여 10년마다 전국의 자연 환경을 조사하여야 한다.
② 환경부 장관은 관계 중앙 행정 기관의 장과 협조하여 생태·자연도에서 1등급 권역으로 분류된 지역과 자연 상태의 변화를 특별히 파악할 필요가 있다고 인정되는 지역에 대하여 5년마다 자연 환경을 조사할 수 있다.
③ 지방 자치 단체의 장은 당해 지방 자치 단체의 조례가 정하는 바에 의하여 관할 구역의 자연 환경을 조사할 수 있다.
④ 지방 자치 단체의 장은 제3항의 규정에 의하여 자연 환경을 조사하

는 경우에는 조사 계획 및 조사 결과를 환경부 장관에게 보고하여야
한다.

⑤ 제1항 및 제2항의 규정에 의한 조사의 내용·방법, 그 밖에 필요한
사항은 대통령령으로 정한다.

제31조(정밀 조사와 생태계의 변화 관찰 등) ① 환경부 장관은 제30
조의 규정에 의한 조사 결과 새롭게 파악된 생태계로서 특별히 조사하
여 관리할 필요가 있다고 판단되는 경우에는 그 생태계에 대한 정밀
조사 계획을 수립·시행하여야 한다.

② 환경부 장관은 제30조의 규정에 의하여 조사를 실시한 지역 중에
서 자연적 또는 인위적 요인으로 인한 생태계의 변화가 뚜렷하다고 인
정되는 지역에 대하여는 보완 조사를 실시할 수 있다.

③ 환경부 장관은 자연적 또는 인위적 요인으로 인한 생태계의 변화
내용을 지속적으로 관찰하여야 한다.

④ 지방 자치 단체의 장은 당해 지방 자치 단체의 조례가 정하는 바에
의하여 관할 구역에 대한 제1항 내지 제3항의 규정에 의한 조사 및 관
찰을 실시할 수 있다.

⑤ 제1항 내지 제3항의 규정에 의한 조사 및 관찰에 필요한 사항은 환
경부령으로 정한다.

제32조(자연 환경 조사원) ① 환경부 장관 또는 지방 자치 단체의 장
은 제30조의 자연 환경 조사 또는 제31조의 규정에 의한 정밀·보완
조사와 그 밖의 자연 환경에 대한 조사를 실시하기 위하여 필요한 경
우에는 조사 기간 중 자연 환경 조사원(이하 '조사원'이라 한다.)을 둘
수 있다.

② 제1항의 규정에 의한 조사원의 자격·위촉 절차, 그 밖에 필요한
사항은 환경부령 또는 당해 지방 자치 단체의 조례로 정한다.

제33조(타인 토지에의 출입 등) ① 환경부 장관 또는 지방 자치 단체

의 장은 제30조의 자연 환경 조사 또는 제31조의 규정에 의한 정밀·
보완 조사를 위하여 필요한 경우에는 소속 공무원 또는 조사원으로 하
여금 타인의 토지에 출입하여 조사하거나 그 토지의 나무·흙·돌, 그
밖의 장애물을 변경 또는 제거하게 할 수 있다.

② 제1항의 규정에 의하여 타인의 토지에 출입하고자 하는 사람은 출
입할 날의 3일 전까지 그 토지의 소유자·점유자 또는 관리인에게 그
뜻을 통지하여야 한다.

③ 제1항의 규정에 의하여 장애물을 변경 또는 제거하고자 하는 사람
은 그 소유자·점유자 또는 관리인의 동의를 얻어야 한다. 다만, 장애
물의 소유자·점유자 또는 관리인이 현장에 없거나 주소를 알 수 없는
경우에는 당해 지역을 관할하는 읍·면·동의 게시판에 게시하거나 일
간 신문에 공고하여야 한다. 이 경우 14일이 경과한 때에는 동의를 얻
은 것으로 본다.

④ 토지의 소유자·점유자 또는 관리인은 정당한 사유 없이 제1항의
규정에 의한 조사 행위를 거부·방해 또는 기피하지 못한다.

⑤ 제1항의 규정에 의하여 타인의 토지에 출입하고자 하는 사람은 환
경부령이 정하는 바에 의하여 그 권한을 표시하는 증표를 관계인에게
내보여야 한다.

제34조(생태·자연도의 작성·활용) ① 환경부 장관은 토지 이용 및
개발 계획의 수립이나 시행에 활용할 수 있도록 하기 위하여 제30조
및 제31조의 규정에 의한 조사 결과를 기초로 하여 전국의 자연 환경
을 다음의 구분에 따라 생태·자연도를 작성하여야 한다.

　1. 1등급 권역 : 다음에 해당하는 지역

　　가. 야생 동식물 보호법 제2조의 규정에 의한 멸종 위기 야생 동
　　식물(이하 '멸종 위기 야생 동식물' 이라 한다.)의 주된 서식지·
　　도래지 및 주요 생태축 또는 주요 생태 통로가 되는 지역

　　나. 생태계가 특히 우수하거나 경관이 특히 수려한 지역

　　다. 생물의 지리적 분포 한계에 위치하는 생태계 지역 또는 주요

식생의 유형을 대표하는 지역

라. 생물 다양성이 특히 풍부하고 보전 가치가 큰 생물 자원이 존재·분포하고 있는 지역

마. 그 밖에 가목 내지 라목에 준하는 생태적 가치가 있는 지역으로서 대통령령이 정하는 기준에 해당하는 지역

2. 2등급 권역 : 제1호 각목에 준하는 지역으로서 장차 보전의 가치가 있는 지역, 또는 1등급 권역의 외부 지역으로서 1등급 권역의 보호를 위하여 필요한 지역

3. 3등급 권역 : 1등급 권역, 2등급 권역 및 별도 관리 지역으로 분류된 지역 외의 지역으로서 개발 또는 이용의 대상이 되는 지역

4. 별도 관리 지역 : 다른 법률의 규정에 의하여 보전되는 지역 중 역사적·문화적·경관적 가치가 있는 지역이거나 도시의 녹지 보전 등을 위하여 관리되고 있는 지역으로서 대통령령이 정하는 지역

② 환경부 장관은 생태·자연도를 효율적으로 활용하기 위하여 제1항 제1호 내지 제3호의 권역을 환경부령이 정하는 바에 따라 세부 등급을 정하여 작성할 수 있다.

③ 환경부 장관은 생태·자연도를 작성함에 있어 관계 중앙 행정 기관의 장 또는 지방 자치 단체의 장에게 필요한 자료 또는 전문 인력의 협조를 요청할 수 있다. 이 경우 군사 목적을 위하여 불가피한 경우를 제외하고는 관계 중앙 행정 기관의 장 및 지방 자치 단체의 장은 대통령령이 정하는 바에 의하여 자료의 요청에 협조하여야 한다.

④ 생태·자연도는 2만 5천분의 1 이상의 지도에 실선으로 표시하여야 한다. 그 밖에 생태·자연도의 작성 기준 및 작성 방법 등 작성에 필요한 사항과 제1항의 규정에 의한 생태·자연도의 활용 대상 및 활용 방법에 관하여 필요한 사항은 대통령령으로 정한다.

⑤ 환경부 장관은 생태·자연도를 작성하는 때에는 14일 이상 국민의 열람을 거쳐 작성하여야 하며, 작성된 생태·자연도는 관계 중앙 행정 기관의 장 및 해당 지방 자치 단체의 장에게 이를 통보하고 고시하여야 한다.

⑥ 시·도지사는 환경부 장관이 작성한 생태·자연도를 기초로 하여 환경부 장관과 협의하여 관할 구역의 상세한 생태·자연도를 작성할 수 있다. 그 밖에 생태·자연도의 작성에 관하여 필요한 사항은 당해 지방 자치 단체의 조례로 정한다.

제35조(생물 다양성과 생물 자원의 보전 대책 수립 및 국제 협력) ① 정부는 생물 다양성의 보전 및 지속 가능한 이용, 생물 자원의 적절한 관리와 국가가 가입한 생물 다양성에 관한 협약·멸종 위기종 국제 거래 협약 및 물새 서식처로서 국제적으로 중요한 습지에 관한 협약(이하 '생물 다양성에 관한 협약 등'이라 한다.)의 이행을 위하여 대통령령이 정하는 바에 따라 다음의 사항을 포함하는 생물 다양성 및 생물 자원의 보전 대책을 수립·시행하여야 한다.
　　1. 생물 다양성 구성 요소의 서식지 및 서식지 외에서의 보전
　　2. 생물 자원의 보호·증식 사업 등의 육성·지원
　　3. 생물 자원 보전 시설의 운영, 생물 다양성의 연구를 위한 전문 인력 및 시설의 확충
　　4. 생물 자원의 적절한 관리를 위한 연구·기술 개발
　　5. 생명 공학적 변이 생물체를 자연 환경에 노출시키는 경우 생태계에 미치는 영향에 대한 평가
　　6. 그 밖에 생물 다양성에 관한 협약 등의 이행을 위하여 필요하다고 인정되는 사항으로서 대통령령이 정하는 사항
② 정부는 국제 기구 및 관련국 정부와 협조하여 자연 환경 보전을 위한 기술·정보 등의 교환에 노력하여야 한다. 생물 다양성에 관한 협약 등의 당사국과 생물 다양성의 보전 및 생물 다양성 구성 요소의 지속 가능한 이용에 관련된 기술의 습득 및 이전을 용이하게 하도록 하고, 생명 공학의 관리 및 그 이익의 배분에 관하여 상호 협력하여야 한다.

제36조(생물 다양성의 연구·기술 개발 등) ① 정부는 자연 환경의

조사, 생태계의 체계·기능·복원에 대한 연구, 생물 다양성 구성 요소의 서식지 및 서식지 외에서의 보전, 생물 자원의 관리 및 야생 동식물 보호법 제2조의 규정에 의한 생태계 교란 야생 동식물의 관리 상황 등에 관하여 연구 및 기술 개발을 하여야 한다.

② 정부는 생물 다양성의 보전과 생물 다양성 구성 요소의 지속 가능한 이용을 위하여 별도의 보전 조치가 필요하거나 사회적·경제적·문화적·과학적 가치가 있는 생물 다양성 구성 요소의 분포 상태·변화 추이 등과 생물 다양성의 보전과 생물 다양성 구성 요소의 지속 가능한 이용에 부정적 영향을 끼칠 수 있는 개발 사업 등에 대하여 필요한 조사를 실시하여야 한다. 다만, 제30조 또는 제31조의 규정에 의한 조사로 갈음할 수 있는 경우에는 그러하지 아니하다.

③ 정부는 제2항의 규정에 의한 생물 다양성 구성 요소 등의 조사 결과를 분석·평가·기록하여 그 정보를 체계적으로 관리하고, 이를 생물 자원의 보전에 적절하게 이용할 수 있도록 제35조 제1항의 규정에 의한 생물 다양성 및 생물 자원의 보전 대책에 반영하여야 한다.

④ 제2항의 규정에 의한 조사의 대상·방법, 그 밖에 필요한 사항은 대통령령으로 정한다.

제37조(생물 다양성 관리 계약) ① 환경부 장관은 다음의 지역을 보전하기 위하여 토지 또는 공유 수면의 소유자·점유자 또는 관리인과 경작 방식의 변경, 화학 물질의 사용 감소, 습지의 조성, 그 밖에 토지 또는 공유 수면의 관리 방법 등을 내용으로 하는 계약(이하 '생물 다양성 관리 계약' 이라 한다.)을 체결하거나 관계 중앙 행정 기관의 장 또는 지방 자치 단체의 장에게 생물 다양성 관리 계약의 체결을 권고할 수 있다.

　1. 멸종 위기 야생 동식물의 보호를 위하여 필요한 지역
　2. 생물 다양성의 증진이 필요한 지역
　3. 생물 다양성이 독특하거나 우수한 지역

② 환경부 장관·관계 중앙 행정 기관의 장 또는 지방 자치 단체의 장

이 생물 다양성 관리 계약을 체결하는 경우에는 대통령령이 정하는 기준에 따라 그 계약의 이행으로 인하여 당해 토지 또는 공유 수면에서 수익이 감소된 자에게 실비 보상을 하여야 한다.

③ 생물 다양성 관리 계약을 체결한 당사자가 그 계약 내용을 이행하지 아니하거나 계약을 해지하고자 하는 경우에는 상대방에게 3월 이전에 이를 통보하여야 한다.

④ 생물 다양성 관리 계약의 체결 등, 그 밖에 필요한 사항은 대통령령으로 정한다.

제 4 장 자연 자산의 관리

제38조(자연 환경 보전·이용 시설의 설치·운영) ① 관계 중앙 행정 기관의 장 및 지방 자치 단체의 장은 자연 환경 보전 및 자연 환경의 건전한 이용을 위하여 다음의 시설을 설치할 수 있다.

　1. 자연 환경을 보전하거나 훼손을 방지하기 위한 시설

　2. 훼손된 자연 환경을 복원 또는 복구하기 위한 시설

　3. 자연 환경 보전에 관한 안내 시설, 생태 관찰을 위한 나무다리 등 자연 환경을 이용하거나 관찰하기 위한 시설

　4. 자연 보전관·자연 학습원 등 자연 환경을 보전·이용하기 위한 교육·홍보 시설 또는 관리 시설

　5. 그 밖의 자연 자산을 보호하기 위한 시설

② 관계 중앙 행정 기관의 장 및 지방 자치 단체의 장은 제1항의 규정에 의하여 자연 환경 보전·이용 시설을 설치·운영하고자 하는 경우에는 환경부령이 정하는 바에 의하여 설치에 관한 계획을 수립하고 이를 고시하여야 한다.

③ 관계 행정 기관의 장 및 지방 자치 단체의 장은 제1항의 규정에 의하여 설치한 자연 환경 보전·이용 시설을 이용하는 사람으로부터 유

지·관리 비용 등을 고려하여 이용료를 징수할 수 있다. 다만, 자연 공원법에 의하여 지정된 공원 구역은 자연 공원법이 정하는 바에 의한다.
④ 제3항의 규정에 의한 이용료의 금액·징수 절차 및 면제에 관하여 필요한 사항은 환경부령으로 정한다.

제39조(자연 휴식지의 지정·관리) ① 지방 자치 단체의 장은 다른 법률에 의하여 공원·관광 단지·자연 휴양림 등으로 지정되지 아니한 지역 중에서 생태적·경관적 가치 등이 높고 자연 탐방·생태 교육 등을 위하여 활용하기에 적합한 장소를 대통령령이 정하는 바에 따라 자연 휴식지로 지정할 수 있다. 이 경우 사유지에 대하여는 미리 토지 소유자 등의 의견을 들어야 한다.
② 지방 자치 단체의 장은 제1항의 규정에 의하여 지정된 자연 휴식지의 효율적 관리를 위하여 자연 휴식지를 이용하는 사람으로부터 유지·관리 비용 등을 고려하여 조례가 정하는 바에 따라 이용료를 징수할 수 있다. 다만, 자연 휴식지로 지정된 후 다른 법률의 규정에 의하여 공원·관광 단지·자연 휴양림 등으로 지정된 경우에는 그러하지 아니하다.
③ 제1항의 규정에 의한 자연 휴식지의 관리, 그 밖에 필요한 사항은 당해 지방 자치 단체의 조례로 정한다.

제40조(공공용으로 이용되는 자연의 훼손 방지) 지방 자치 단체의 장은 다음 각호의 어느 하나에 해당하는 경우에 생태적·경관적 가치 등의 훼손을 방지하기 위하여 당해 지방 자치 단체의 조례가 정하는 바에 따라 입목의 벌채 또는 토지의 형질 변경을 제한하거나 출입·취사·야영 행위를 제한할 수 있다.
 1. 해수욕장 등 공공용으로 이용되고 있는 장소에 인접한 숲으로서 훼손되는 경우 공공용으로 이용되는 장소의 가치가 크게 감소되거나 상실되는 경우
 2. 도로 또는 철도변에 있는 숲·거목(巨木) 등으로서 훼손되는 경

우 경관적 가치가 크게 상실되는 경우

3. 그 밖에 제1호 또는 제2호에 준하는 경우로서 대통령령이 정하
   는 기준에 해당하는 경우

제41조(생태 관광의 육성) ① 환경부 장관은 생태적으로 건전하고 자
연 친화적인 관광(이하 '생태 관광'이라 한다.)을 육성하기 위하여 문
화관광부 장관과 협의하여 지방 자치 단체·관광 사업자 및 자연 환경
의 보전을 위한 민간 단체에 대하여 지원할 수 있다.
② 환경부 장관은 문화관광부 장관 및 지방 자치 단체의 장과 협조하
여 생태 관광에 필요한 교육, 생태 관광 자원의 조사·발굴 및 국민의
건전한 이용을 위한 시설의 설치·관리를 위한 계획을 수립·시행하거
나 지방 자치 단체의 장에게 권고할 수 있다.

제42조(생태 마을의 지정 등) ① 환경부 장관 또는 지방 자치 단체의
장은 다음 각호의 어느 하나에 해당하는 마을을 생태 마을로 지정할
수 있다.
1. 생태·경관 보전 지역 안의 마을
2. 생태·경관 보전 지역 밖의 지역으로서 생태적 기능과 수려한 자
   연 경관을 보유하고 있는 마을. 다만, 산림 기본법 제28조의 규
   정에 의하여 지정된 산촌 진흥 지역의 마을은 제외한다.
② 환경부 장관 또는 지방 자치 단체의 장은 제1항의 규정에 의하여 생
태 마을을 지정한 때에는 공공 시설 등 당해 지역 주민을 위한 편의 시
설의 설치 및 주민 소득 증대 방안을 우선적으로 강구·시행하여야
한다.
③ 제1항 및 제2항의 규정에 의한 생태 마을의 지정 기준·지정 절차
및 해제 등에 관하여 필요한 사항은 환경부령으로 정한다.

제43조(도시의 생태적 건전성 향상 등) ① 국가 또는 지방 자치 단체
는 도시의 생태적 건전성을 향상시키기 위하여 도시 지역 중 보전 가

치가 높은 지역이 훼손되지 아니하도록 노력하여야 한다.

② 환경부 장관은 도시의 자연 환경 보전 및 생태적 건전성 향상 등을 위하여 관계 중앙 행정 기관의 장과 협의하여 생태축의 설정, 생물 다양성의 보전, 자연 경관의 보전, 바람 통로의 확보, 생태 복원 등 도시의 자연 환경 보전에 관한 지침을 작성하여 관계 행정 기관의 장 및 지방 자치 단체의 장에게 권고할 수 있다.

③ 환경부 장관은 관계 중앙 행정 기관 및 지방 자치 단체의 장에게 물·에너지를 적게 사용하거나 폐기물이 적게 발생하도록 하는 기술 또는 생물 다양성을 높이기 위한 생태적 기술의 개발과 이를 위한 제도 개선 등을 권고할 수 있다.

④ 환경부 장관은 도시의 생물 다양성 증진 등을 위하여 녹지와 소생태계의 조성 등을 관계 중앙 행정 기관의 장 및 지방 자치 단체의 장에게 요청할 수 있다.

⑤ 관계 중앙 행정 기관의 장 및 지방 자치 단체의 장은 환경부 장관으로부터 제2항 내지 제4항의 규정에 의한 권고 또는 요청을 받은 때에는 당해 사항이 수용될 수 있도록 노력하여야 한다.

제44조(우선 보호 대상 생태계의 복원 등) 환경부 장관은 다음 각호의 어느 하나에 해당하는 경우 관계 중앙 행정 기관의 장 및 시·도지사와 협조하여 해당 생태계의 보호·복원 대책을 마련하여 추진할 수 있다.

  1. 멸종 위기 야생 동식물의 주된 서식지 또는 도래지로서 파괴·훼손 또는 단절 등으로 인하여 종의 존속이 위협을 받고 있는 경우
  2. 자연성이 특히 높거나 취약한 생태계로서 그 일부가 파괴·훼손되거나 교란되어 있는 경우
  3. 생물 다양성이 특히 높거나 특이한 자연 환경으로서 훼손되어 있는 경우

제45조(생태 통로의 설치 등) ① 국가 또는 지방 자치 단체는 개발 사

업 등을 시행하거나 인·허가 등을 함에 있어서 야생 동식물의 이동 및 생태적 연속성이 단절되지 아니하도록 생태 통로 설치 등의 필요한 조치를 하거나 하게 하여야 한다.

② 국가 또는 지방 자치 단체는 생태 통로 설치를 위한 조사 연구 및 생태 통로 시범 사업 또는 생태 통로 설치 사업을 시행할 수 있다.

③ 제1항의 규정에 의한 생태 통로의 설치 대상 지역 및 설치 기준, 그 밖에 필요한 사항은 환경부령으로 정한다.

제5장 생태계 보전 협력금

제46조(생태계 보전 협력금) ① 환경부 장관은 자연 환경을 체계적으로 보전하고 자연 자산을 관리·활용하기 위하여 자연 환경 또는 생태계에 미치는 영향이 현저하거나 생물 다양성의 감소를 초래하는 사업을 하는 사업자에 대하여 생태계 보전 협력금을 부과·징수한다.

② 제1항의 규정에 의한 생태계 보전 협력금의 부과 대상이 되는 사업은 다음과 같다.

1. 환경·교통·재해 등에 관한 영향 평가법 제4조의 규정에 의한 환경 영향 평가 대상 사업
2. 광업법 제4조의 규정에 의한 광업 중 대통령령이 정하는 규모 이상의 노천 탐광·채굴 사업
3. 그 밖에 생태계에 미치는 영향이 현저하거나 자연 자산을 이용하는 사업 중 대통령령이 정하는 사업

③ 제1항의 규정에 의한 생태계 보전 협력금은 10억 원의 범위 안에서 생태계의 훼손 면적에 단위 면적당 부과 금액과 지역 계수를 곱하여 산정·부과한다. 다만, 국방 목적의 사업 중 대통령령이 정하는 사업에 대하여는 생태계 보전 협력금을 감면할 수 있다.

④ 제1항의 규정에 의한 생태계 보전 협력금 및 제48조 제1항의 규정

에 의한 가산금은 환경 개선 특별 회계법에 의한 환경 개선 특별 회계의 세입으로 한다.

⑤ 환경부 장관은 제61조 제1항의 규정에 의하여 시·도지사에게 생태계 보전 협력금 또는 가산금의 징수에 관한 권한을 위임한 경우에는 징수된 생태계 보전 협력금 및 가산금 중 대통령령이 정하는 금액을 당해 사업 지역을 관할하는 시·도지사에게 교부할 수 있다. 이 경우 시·도지사는 대통령령이 정하는 바에 따라 교부금의 일부를 생태계 보전 협력금의 부과·징수 비용으로 사용할 수 있다.

⑥ 제1항의 규정에 의한 생태계 보전 협력금의 징수 절차·감면 기준·단위 면적당 부과 금액 및 지역 계수, 그 밖에 필요한 사항은 대통령령으로 정한다. 이 경우 단위 면적당 부과 금액은 훼손된 생태계의 가치를 기준으로 하고, 지역 계수는 국토의 계획 및 이용에 관한 법률에 의한 토지의 용도를 기준으로 하되, 공유 수면 관리법 제2조 제1호 가목의 규정에 의한 바다·바닷가 중 항만법 제2조 제4호의 규정에 의한 항만 구역의 경우에는 국토의 계획 및 이용에 관한 법률에 의한 녹지 지역의 지역 계수를, 그 밖의 지역의 경우에는 국토의 계획 및 이용에 관한 법률에 의한 자연 환경 보전 지역의 지역 계수를 준용한다.

제47조(사업 인·허가 등의 통보) ① 제46조 제2항의 규정에 의한 생태계 보전 협력금의 부과 대상이 되는 사업의 인·허가 등을 한 행정 기관의 장은 그 날부터 20일 이내에 사업자, 사업 내용, 사업의 규모, 그 밖에 대통령령이 정하는 인·허가 등의 내용을 환경부 장관에게 통보하여야 한다.

② 환경부 장관은 제1항의 규정에 의한 통보를 받은 날부터 1월 이내에 생태계 보전 협력금의 부과 금액·납부 기한 등에 관한 사항을 사업자에게 통지하여야 한다.

③ 제1항 및 제2항의 규정에 의한 통보의 내용·방법, 그 밖에 필요한 사항은 환경부령으로 정한다.

제48조(생태계 보전 협력금의 강제 징수) ① 환경부 장관은 제46조의 규정에 의하여 생태계 보전 협력금을 납부하여야 하는 사람이 납부 기한 내에 이를 납부하지 아니한 경우에는 30일 이상의 기간을 정하여 이를 독촉하여야 한다. 이 경우 체납된 생태계 보전 협력금에 대하여는 100분의 5에 상당하는 가산금을 부과한다.
② 제1항의 규정에 의하여 독촉을 받은 사람이 기한 내에 생태계 보전 협력금과 가산금을 납부하지 아니한 경우에는 국세 체납 처분의 예에 의하여 이를 징수할 수 있다.

제49조(생태계 보전 협력금의 용도) 생태계 보전 협력금 및 제46조 제5항의 규정에 의하여 교부된 금액은 다음 각호의 용도에 사용하여야 한다. 다만, 공유 수면 관리법 제2조의 규정에 의한 바다와 바닷가를 대상으로 하는 사업과 광업법 제4조의 규정에 의한 광업으로서 산림 및 산지를 대상으로 하는 사업에서 조성된 생태계 보전 협력금은 이를 각각 해양 습지 및 해양 자연 환경의 보전 사업과 산림 및 산지 훼손지의 생태계 복원 사업을 위하여 사용하여야 한다.
  1. 생태계 · 생물종의 보전 · 복원 사업
  2. 야생 동식물 보호법 제7조 제2항의 규정에 의한 서식지 외 보전 기관의 지원
  3. 제14조의 규정에 의한 생태 · 경관 보전 지역 관리 기본 계획의 시행
  4. 제18조의 규정에 의한 생태계 보전을 위한 토지 등의 확보
  5. 제19조의 규정에 의한 생태 · 경관 보전 지역 등의 토지 등의 매수
  6. 제20조 제1항의 규정에 의한 오수 처리 시설 등의 설치 지원
  7. 제22조의 규정에 의한 자연 유보 지역의 생태계 보전
  8. 제37조의 규정에 의한 생물 다양성 관리 계약의 이행
  9. 제38조의 규정에 의한 자연 환경 보전 · 이용 시설의 설치 · 운영
  10. 제44조의 규정에 의한 우선 보호 대상 생태계의 보호 · 복원
  11. 제45조의 규정에 의한 생태 통로 설치 사업

12. 그 밖에 자연 환경 보전 등을 위하여 필요한 사업으로서 대통령
령이 정하는 사업

제50조(생태계 보전 협력금의 반환 · 지원) ① 환경부 장관은 생태계
보전 협력금을 납부한 자가 환경부 장관의 승인을 얻어 대체 자연의
조성, 생태계의 복원 등 대통령령이 정하는 자연 환경 보전 사업을 시
행한 경우에는 납부한 생태계 보전 협력금 중 대통령령이 정하는 금액
을 돌려 줄 수 있다. 다만, 산림 또는 산지에서 시행하는 제46조 제2
항 제2호의 규정에 의한 사업으로 인하여 부과된 생태계 보전 협력금
에 대하여는 반환금 또는 반환 예정 금액의 범위 안에서 다른 법률에
의하여 시행하는 산림 또는 산지를 대상으로 하는 훼손지 복원 사업에
지원할 수 있다.
② 제1항의 규정에 의한 환경부 장관의 승인, 생태계 보전 협력금의
반환 · 지원에 관하여 필요한 사항은 대통령령으로 정한다.

제 6 장 보 칙

제51조(관계 기관의 협조) ① 환경부 장관은 이 법의 목적을 달성하기
위하여 필요하다고 인정하는 경우에는 대통령령이 정하는 사항에 대하
여 관계 중앙 행정 기관의 장 또는 지방 자치 단체의 장에게 필요한 시
책을 마련하거나 조치를 할 것을 요청할 수 있다. 이 경우 관계 중앙
행정 기관의 장 또는 지방 자치 단체의 장은 특별한 사유가 없는 한 이
에 응하여야 한다.
② 환경부 장관은 자연 환경 보전과 자연의 지속 가능한 이용을 위하
여 생물 다양성의 가치와 기능을 평가하여 이를 관계 중앙 행정 기관
의 장 및 지방 자치 단체의 장이 활용하도록 하여야 한다.

제52조(토지 등의 수용·사용) ① 국가 또는 지방 자치 단체는 제38조의 규정에 의한 자연 환경 보전·이용 시설의 설치를 위하여 필요하다고 인정되는 때에는 자연 환경 보전·이용 시설에 필요한 토지 등을 수용 또는 사용할 수 있다.

② 제1항의 규정에 의한 수용 또는 사용에 관하여는 이 법에 특별한 규정이 있는 경우를 제외하고는 공익 사업을 위한 토지 등의 취득 및 보상에 관한 법률을 준용한다.

③ 제2항의 규정에 의하여 공익 사업을 위한 토지 등의 취득 및 보상에 관한 법률을 준용하는 경우에는 제38조의 규정에 의한 자연 환경 보전·이용 시설의 설치에 관한 계획의 결정·고시가 있는 때에 공익 사업을 위한 토지 등의 취득 및 보상에 관한 법률 제20조 및 제22조의 규정에 의한 사업 인정 및 사업 인정 고시가 있는 것으로 본다.

제53조(손실 보상) ① 제15조 제5항의 규정에 의하여 이미 실시하고 있는 개발 사업·영농 행위 등을 할 수 없음에 따라 초래되는 재산상의 손실 또는 제33조 제1항의 규정에 의하여 재산상의 손실을 입은 사람은 대통령령이 정하는 바에 의하여 환경부 장관 또는 지방 자치 단체의 장에게 보상을 청구할 수 있다.

② 환경부 장관 또는 지방 자치 단체의 장은 제1항의 규정에 의하여 청구를 받은 때에는 3월 이내에 청구인과 협의하여 보상할 금액 등을 결정하고 이를 청구인에게 통지하여야 한다.

③ 제2항의 규정에 의한 협의가 성립되지 아니한 때에는 환경부 장관, 지방 자치 단체의 장 또는 청구인은 대통령령이 정하는 바에 의하여 관할 토지 수용 위원회에 재결을 신청할 수 있다.

제54조(국고 보조) 국가는 예산의 범위 안에서 다음의 사업에 대하여 자연 환경 보전을 위한 사업을 집행하는 관계 행정 기관 및 지방 자치 단체 또는 자연 보호 관련 단체에 대하여 그 비용의 전부 또는 일부를 보조할 수 있다.

1. 제5조의 규정에 의한 자연 보호 운동 지원 사업
2. 제20조 및 제42조의 규정에 의한 생태·경관 보전 지역, 인접
   지역 및 생태 마을의 주민 지원 사업
3. 제38조의 규정에 의한 자연 환경 보전·이용 시설의 설치 사업
4. 제45조의 규정에 의한 생태 통로 설치 사업
5. 제49조 각호의 사업
6. 그 밖에 자연 환경 보전을 위한 사업으로서 대통령령이 정하는
   사업

제55조(한국자연환경보전협회) ① 자연 환경 보전을 위한 다음의 사업을 하기 위하여 한국자연환경보전협회(이하 '협회'라 한다.)를 둔다.
1. 자연 환경의 실태 및 보전 방안에 관한 조사·연구
2. 훼손된 생태계나 종의 복원, 소생태계의 조성 등 생물 다양성의
   보전
3. 자연 환경 보전에 관한 영상물의 제작 및 출판 등 자연 교육과
   홍보
② 협회는 법인으로 한다.
③ 협회의 사업에 소요되는 경비는 회비, 사업 수입금 등으로 충당하며, 국가 또는 지방 자치 단체는 소요 경비의 일부를 예산의 범위 안에서 지원할 수 있다.
④ 협회에 관하여 이 법에 규정되지 아니한 사항은 민법 중 사단 법인에 관한 규정을 준용한다.

제56조(자연 상징 표지 및 지방 자치 단체의 상징종) ① 국가는 생태·경관 보전 지역 등 자연 환경 보전이 필요한 지역에 그 지역의 유형별로 자연 상징 표지를 설치할 수 있으며, 지방 자치 단체는 관할 구역의 특성을 고려하여 자연 상징 표지의 일부를 변경하여 활용할 수 있다.
② 지방 자치 단체는 당해 지역을 대표할 수 있는 중요 야생 동식물 또

는 생태계를 당해 지방 자치 단체의 상징종(象徵種) 또는 상징 생태계
로 지정하여 이를 보전·활용할 수 있다.

제57조(민간 자연 환경 보전 단체의 육성) 환경부 장관은 자연 환경
보전을 위하여 다음 각호의 어느 하나에 해당하는 활동을 하는 민간
자연 환경 보전 단체를 육성할 수 있다.
　1. 국제 자연 환경 보전 단체·기구와의 협조와 교류
　2. 멸종 위기 야생 동식물의 보호
　3. 그 밖의 자연 환경 보전 및 자연 자산의 보전

제58조(자연 환경 보전 명예 지도원) ① 환경부 장관 또는 지방 자치
단체의 장은 자연 환경 보전을 위한 지도·계몽 등을 위하여 민간 자
연 환경 보전 단체의 회원, 자연 환경 보전을 위한 활동을 성실하게 수
행하고 있는 사람 또는 협회에서 추천하는 사람을 자연 환경 보전 명
예 지도원으로 위촉할 수 있다.
② 자연 환경 보전 명예 지도원에 대하여는 환경부령이 정하는 바에
의하여 그 신분을 확인할 수 있는 증명서를 발급한다.
③ 제1항의 규정에 의한 자연 환경 보전 명예 지도원의 위촉 방법·활
동 범위, 그 밖에 필요한 사항은 대통령령으로 정한다.

제59조(자연 환경 안내원) ① 환경부 장관 또는 지방 자치 단체의 장
은 생태·경관 보전 지역, 자연 휴식지 및 자연 공원법에 의한 자연 공
원 등을 이용하는 사람에게 자연 환경 보전의 인식 증진 등을 위하여
자연 환경 해설·홍보·교육·생태 탐방 안내 등을 전문적으로 수행하
는 자연 환경 안내원을 둘 수 있다.
② 제1항의 규정에 의한 자연 환경 안내원의 자격, 운영 및 활동 범위,
그 밖에 필요한 사항은 대통령령으로 정한다.

제60조(자연 환경 학습원) ① 시·도지사는 제5조의 규정에 의한 자

연 보호 운동 활성화 및 국민들에 대한 자연 환경 보전 중요성의 인식 증진 등을 위하여 시·도지사 소속하에 자연 환경 교육·연수·홍보 등의 기능을 수행하는 자연 환경 학습원을 둘 수 있다.
② 자연 환경 학습원의 설치·운영에 관하여 필요한 사항은 지방 자치 단체의 조례로 정한다.

제61조(권한의 위임 및 위탁) ① 환경부 장관 또는 해양수산부 장관은 이 법에 의한 권한의 일부를 대통령령이 정하는 바에 의하여 시·도지사, 지방 환경 관서의 장 또는 지방 해양 수산 관서의 장에게 위임할 수 있다.
② 환경부 장관은 이 법에 의한 업무의 일부를 대통령령이 정하는 바에 의하여 관계 전문 기관에 위탁할 수 있다.

제62조(해양 자연 환경의 소관 기관 등) ① 제7조, 제12조 내지 제17조, 제19조, 제21조, 제23조, 제30조 내지 제34조, 제41조, 제51조, 제53조, 제57조 내지 제59조 및 제66조 중 해양 자연 환경에 관한 사항에 대하여는 '환경부 장관'을 각각 '해양수산부 장관'으로 본다.
② 제13조 제1항의 중앙 환경 보전 자문 위원회는 해양 오염 방지법 제63조의 규정에 의한 해양 환경 보전 자문 위원회로 본다.
③ 제31조 제5항, 제32조 제2항, 제33조 제5항 및 제58조 제2항 중 해양 자연 환경에 관한 사항에 대하여는 '환경부령'을 각각 '해양 수산부령'으로 본다.

제 7 장 벌 칙

제63조(벌칙) 다음 각호의 어느 하나에 해당하는 사람은 3년 이하의 징역 또는 2천만 원 이하의 벌금에 처한다.

1. 핵심 구역 안에서 제15조 제1항(제22조 제2항의 규정에 의하여 준용되는 경우를 포함한다.)의 규정을 위반하여 자연 생태·자연 경관의 훼손 행위를 한 사람
2. 완충 구역 안에서 제15조 제1항 제2호 내지 제5호의 규정을 위반하여 자연 생태·자연 경관의 훼손 행위를 한 사람
3. 제17조(제22조 제2항의 규정에 의하여 준용되는 경우를 포함한다.)의 규정에 의한 중지·원상 회복 또는 조치 명령을 위반한 사람

제64조(벌칙) 전이 구역 안에서 제15조 제1항의 규정을 위반하여 자연 생태·자연 경관을 훼손시킨 사람에 대하여는 2년 이하의 징역 또는 1천만 원 이하의 벌금에 처한다.

제65조(양벌 규정) 법인의 대표자, 법인 또는 개인의 대리인·사용인, 그 밖의 종업원이 그 법인 또는 개인의 업무에 관하여 제63조 또는 제64조의 규정에 의한 위반 행위를 한 때에는 행위자를 벌하는 외에 그 법인 또는 개인에 대하여도 각 해당 조의 벌금형을 과한다.

제66조(과태료) ① 제26조의 규정에 의한 시·도지사의 조치를 위반한 사람은 1천만 원 이하의 과태료에 처한다.
② 다음 각호의 어느 하나에 해당하는 사람은 200만 원 이하의 과태료에 처한다.

1. 제16조(제22조 제2항의 규정에 의하여 준용되는 경우를 포함한다.)의 규정을 위반하여 금지 행위를 한 사람

　　2. 제33조 제4항의 규정을 위반하여 정당한 사유 없이 조사 행위
　　　를 거부 · 방해 또는 기피한 사람
　　3. 제40조의 규정에 의한 입목의 벌채, 토지의 형질 변경, 출입 ·
　　　취사 · 야영 행위의 제한을 위반한 사람
③ 제1항 및 제2항의 규정에 의한 과태료는 대통령령이 정하는 바에
따라 환경부 장관 또는 지방 자치 단체의 장(이하 '부과권자' 라 한다.)
이 부과 · 징수한다.
④ 제3항의 규정에 의한 과태료 처분에 불복이 있는 사람은 그 처분의
고지를 받은 날부터 30일 이내에 부과권자에게 이의를 제기할 수 있다.
⑤ 제3항의 규정에 의한 과태료 처분을 받은 사람이 제4항의 규정에
의하여 이의를 제기한 때에는 부과권자는 지체없이 관할 법원에 그 사
실을 통보하여야 하며, 그 통보를 받은 관할 법원은 비송사건 절차법
에 의한 과태료의 재판을 한다.
⑥ 제4항의 규정에 의한 기간 이내에 이의를 제기하지 아니하고 과태
료를 납부하지 아니한 때에는 국세 또는 지방세 체납 처분의 예에 의
하여 이를 징수한다.

부　　칙 〈제7297호 2004.12.31〉

제1조(시행일)　이 법은 공포 후 1년이 경과한 날부터 시행한다.

제2조(생태계 보전 지역에 관한 경과 조치)　① 이 법 시행 당시 종전
의 규정에 의하여 환경부 장관이 지정 · 고시한 생태계 보전 지역은 제
12조 제2항 및 제13조 제3항의 규정에 의하여 생태 · 경관 핵심 보전
구역으로 지정 · 고시된 것으로 본다.
② 이 법 시행 당시 종전의 규정에 의하여 시 · 도지사가 지정 · 고시한

시 · 도 생태계 보전 지역은 제23조 제1항 및 제24조 제3항의 규정에 의하여 시 · 도 생태 · 경관 보전 지역으로 지정 · 고시된 것으로 본다.

제3조(생태계 보전 지역 관리 기본 계획에 관한 경과 조치) 이 법 시행 당시 종전의 규정에 의하여 환경부 장관이 수립한 생태계 보전 지역 관리 기본 계획은 제14조의 규정에 의하여 수립한 생태 · 경관 보전 지역 관리 기본 계획으로 본다.

제4조(재결 신청 기간에 관한 경과 조치) 이 법 시행 당시 종전의 규정에 의하여 자연 환경 보전 · 이용 시설의 설치에 관한 계획이 고시된 사업의 재결 신청 기간에 관하여는 종전의 규정에 의한다.

제5조(한국자연보전협회에 관한 경과 조치) 이 법 시행 당시 종전의 규정에 의하여 설립된 한국자연보전협회는 제55조의 규정에 의한 한국자연환경보전협회로 본다.

제6조(행정 처분 등에 관한 경과 조치) 이 법 시행 당시 종전의 규정에 의하여 행한 처분, 그 밖의 행정 기관의 행위 또는 행정 기관에 대한 행위는 그에 해당하는 이 법에 의한 행정 기관의 행위 또는 행정 기관에 대한 행위로 본다.

제7조(벌칙 및 과태료에 관한 경과 조치) 이 법 시행 전의 행위에 대한 벌칙 및 과태료의 적용에 있어서는 종전의 규정에 의한다.

제8조(다른 법률의 개정) ① 국토의 계획 및 이용에 관한 법률 중 다음과 같이 개정한다.
　제8조 제2항 제1호 라목을 다음과 같이 한다.
　라. 자연 환경 보전법 제12조의 규정에 의한 생태 · 경관 보전 지역
② 산지 관리법 중 다음과 같이 개정한다.

제4조 제1항 제1호 나목(10) 중 '생태계 보전 지역'을 '생태·경관 보전 지역'으로 한다.

③ 야생 동식물 보호법 중 다음과 같이 개정한다.

제12조 제2항 제3호를 다음과 같이 한다.

3. 자연 환경 보전법 제12조의 규정에 의한 생태·경관 보전 지역

제54조 제2호를 다음과 같이 한다.

2. 자연 환경 보전법 제12조의 규정에 의하여 지정된 생태·경관 보전 지역 및 동법 제23조의 규정에 의하여 지정된 시·도 생태·경관 보전 지역

④ 외국인 토지법 중 다음과 같이 개정한다.

제4조 제2항 제4호를 다음과 같이 한다.

4. 자연 환경 보전법 제2조 제12호의 규정에 의한 생태·경관 보전 지역

⑤ 초지법 중 다음과 같이 개정한다.

제3조 제1항 제5호를 다음과 같이 한다.

5. 자연 환경 보전법 제12조의 규정에 의한 생태·경관 보전 지역

⑥ 환경 범죄의 단속에 관한 특별 조치법 중 다음과 같이 개정한다.

제2조 제7호 나목을 다음과 같이 한다.

나. 자연 환경 보전법 제2조 제12호의 규정에 의한 생태·경관 보전 지역, 동법 제2조 제13호의 규정에 의한 자연 유보 지역 및 동법 제23조의 규정에 의하여 지정·고시된 시·도 생태·경관 보전 지역

제9조(다른 법령과의 관계) 이 법 시행 당시 다른 법령에서 자연 환경 보전법의 규정을 인용한 경우에 이 법 중 그에 해당하는 규정이 있는 때에는 종전의 규정에 갈음하여 이 법의 해당 조항을 인용한 것으로 본다.

야생 동식물 보호법

법률 제7297호
개정 2004. 12. 31
시행 2006. 1. 1

제1장 총 칙

제1조(목적) 이 법은 야생 동식물과 그 서식 환경을 체계적으로 보호·관리함으로써 야생 동식물의 멸종을 예방하고, 생물의 다양성을 증진시켜 생태계의 균형을 유지함과 아울러, 사람과 야생 동식물이 공존하는 건전한 자연 환경을 확보함을 목적으로 한다.

제2조(정의) 이 법에서 사용하는 용어의 정의는 다음과 같다.
  1. '야생 동식물'이라 함은 산·들 또는 강 등 자연 상태에서 서식하거나 자생하는 동식물종을 말한다.
  2. '멸종 위기 야생 동식물'이라 함은 다음 각 목의 1에 해당하는 동식물종을 말한다.
    가. 멸종 위기 야생 동식물 I급 : 자연적 또는 인위적 위협 요인으로 개체 수가 현저하게 감소되어 멸종 위기에 처한 야생 동식물로서 관계 중앙 행정 기관의 장과 협의하여 환경부령이 정하는 종
    나. 멸종 위기 야생 동식물 II급 : 자연적 또는 인위적 위협 요인으로 개체 수가 현저하게 감소되고 있어 현재의 위협 요인이 제거되거나 완화되지 아니할 경우 가까운 장래에 멸종 위기에 처할 우려가 있는 야생 동식물로서 관계 중앙 행정 기관의 장과 협의하여 환경부령이 정하는 종
  3. '국제적 멸종 위기종'이라 함은 멸종 위기에 처한 야생 동식물종

의 국제 거래에 관한 협약(이하 '멸종 위기종 국제 거래 협약'이라
한다.)에 의하여 국제 거래가 규제되는 다음 각 목의 1에 해당하는
동식물로서 환경부 장관이 고시하는 종을 말한다.

　가. 멸종 위기에 처한 종 중 국제 거래로 그 영향을 받거나 받을 수
있는 종으로서 멸종 위기종 국제 거래 협약의 부속서 Ⅰ에서 정한 것

　나. 현재 멸종 위기에 처하여 있지는 아니하나 국제 거래를 엄격
하게 규제하지 아니할 경우 멸종 위기에 처할 수 있는 종과 그 멸
종 위기에 처한 종의 거래를 효과적으로 통제하기 위하여 규제를
하여야 하는 그 밖의 종으로서 멸종 위기종 국제 거래 협약의 부
속서 Ⅱ에서 정한 것

　다. 멸종 위기종 국제 거래 협약의 당사국이 이용을 제한할 목적
으로 자기 나라의 관할권 안에서 규제를 받아야 하는 것으로 확인
하고 국제 거래 규제를 위하여 다른 당사국의 협력이 필요하다고
판단한 종으로서 멸종 위기종 국제 거래 협약의 부속서 Ⅲ에서 정
한 것

4. '생태계 교란 야생 동식물'이라 함은 다음 각 목의 1에 해당하는
야생 동식물로서 환경부령이 정하는 것을 말한다.

　가. 외국으로부터 인위적 또는 자연적으로 유입되어 생태계의 균
형에 교란을 가져오거나 가져올 우려가 있는 야생 동식물

　나. 유전자의 변형을 통하여 생산된 유전자 변형 생물체 중 생태
계의 균형에 교란을 가져오거나 가져올 우려가 있는 야생 동식물

5. '유해 야생 동물'이라 함은 사람의 생명이나 재산에 피해를 주는
야생 동물로서 환경부령이 정하는 종을 말한다.

6. '인공 증식'이라 함은 야생 동식물을 일정한 장소 또는 시설에서
사육·양식 또는 증식하는 것을 말한다.

7. '생물 자원'이라 함은 자연 환경 보전법 제2조 제17호의 규정에
의한 생물 자원을 말한다.

제3조(야생 동식물 보호 및 이용의 기본 원칙)　① 야생 동식물은 현재

세대 및 미래 세대의 공동 자산임을 인식하고, 현재 세대는 야생 동식물과 그 서식 환경을 적극 보호함으로써 그 혜택이 미래 세대에게 돌아갈 수 있도록 하여야 한다.

② 야생 동식물과 그 서식지는 효과적으로 보호함으로써 야생 동식물이 멸종에 이르지 아니하고 생태계의 균형이 유지되도록 하여야 한다.

③ 국가·지방 자치 단체 및 국민이 야생 동식물을 이용할 때에는 야생 동식물이 멸종에 이르거나 생물 다양성의 감소가 일어나지 아니하도록 하는 등 지속 가능한 이용이 되도록 하여야 한다.

제4조(국가 등의 책무) ① 국가는 야생 동식물의 서식 실태 등을 파악하여 야생 동식물의 보호에 관한 종합적인 시책을 수립·시행하고, 야생 동식물의 보호와 관련되는 국제 협약을 준수하여야 하며, 관련 국제 기구와의 협력을 통하여 야생 동식물의 보호와 그 서식 환경의 보전을 위하여 노력하여야 한다.

② 지방 자치 단체는 야생 동식물의 보호를 위한 국가의 시책에 적극 협조하여야 하며, 지역적 특성에 따라 관할 구역 안의 야생 동식물의 보호와 그 서식 환경의 보전을 위한 대책을 수립·시행하여야 한다.

③ 모든 국민은 야생 동식물의 보호를 위한 국가와 지방 자치 단체의 시책에 적극 협조하는 등 야생 동식물의 보호를 위하여 노력하여야 한다.

제 2 장 야생 동식물의 보호

제 1 절 총 칙

제5조(야생 동식물 보호 기본 계획의 수립 등) ① 환경부 장관은 야생 동식물의 보호와 그 서식 환경의 보전을 위하여 5년마다 멸종 위기 야생 동식물 등에 대한 야생 동식물 보호 기본 계획(이하 '기본 계획'이

라 한다.)을 수립하여야 한다.

② 환경부 장관은 기본 계획을 수립 또는 변경하는 때에는 관계 중앙 행정 기관의 장과 미리 협의하여야 하고, 수립 또는 변경된 기본 계획을 관계 중앙 행정 기관의 장 및 특별시장·광역시장·도지사(이하 '시·도지사'라 한다.)에게 통보하여야 한다.

③ 환경부 장관은 기본 계획의 수립 또는 변경을 위하여 관계 중앙 행정 기관의 장 및 시·도지사에게 그에 필요한 자료의 제출을 요청할 수 있다.

④ 시·도지사는 기본 계획에 따라 관할 구역 안의 야생 동식물의 보호를 위한 세부 계획(이하 '세부 계획'이라 한다.)을 수립하여야 한다.

⑤ 시·도지사가 세부 계획을 수립하거나 이를 변경하고자 하는 경우에는 미리 환경부 장관의 의견을 들어야 한다.

⑥ 기본 계획 및 세부 계획에 포함되어야 할 내용, 그 밖에 필요한 사항은 대통령령으로 정한다.

제6조(야생 동식물의 서식 실태 조사) ① 환경부 장관은 멸종 위기 야생 동식물, 생태계 교란 야생 동식물 등 특별히 보호 또는 관리가 필요한 야생 동식물에 대하여 그 서식 실태를 정밀하게 조사하여야 한다.

② 제1항의 규정에 의한 조사의 내용·방법 등에 관하여 필요한 사항은 환경부령으로 정한다.

제7조(서식지 외 보전 기관의 지정 등) ① 환경부 장관은 야생 동식물을 그 서식지에서 보전하기 어렵거나 종의 보존 등을 위하여 서식지 외에서 보전할 필요가 있는 경우에는 관계 중앙 행정 기관의 장의 의견을 들어 야생 동식물의 서식지 외 보전 기관을 지정할 수 있다. 다만, 지정된 서식지 외 보전 기관(이하 '서식지 외 보전 기관'이라 한다.)에서 문화재 보호법 제6조의 규정에 의한 천연 기념물을 보전하게 하고자 하는 경우에는 문화재청장과 협의하여야 한다.

② 환경부 장관은 서식지 외 보전 기관에서 멸종 위기 야생 동식물을

보전하게 하기 위하여 필요한 경우에는 그 비용의 전부 또는 일부를
지원할 수 있다.

③ 서식지 외 보전 기관의 지정 및 지정 취소에 관하여 필요한 사항은
대통령령으로 정하고, 동 기관의 운영에 관하여 필요한 사항은 환경부
령으로 정한다.

제8조(야생 동물의 학대 방지) 누구든지 정당한 사유 없이 야생 동물
에 대하여 다음 각호의 학대 행위를 하여서는 아니 된다.

   1. 독극물 사용 등 잔인한 방법이나 다른 사람에게 혐오감을 주는
      방법으로 죽이는 행위
   2. 포획·감금하여 고통을 주거나 상처를 입히는 행위
   3. 살아 있는 상태에서 혈액·쓸개·내장, 그 밖에 생체의 일부를
      채취하거나 채취하는 장치 등을 설치하는 행위

제9조(불법 포획한 야생 동물의 취득 등 금지) ① 누구든지 이 법을
위반하여 포획·수입 또는 반입한 야생 동물 및 이를 사용하여 만든
음식물 또는 가공품을 그 사실을 알면서 취득(환경부령이 정하는 야생
동물을 사용하여 만든 음식물 또는 추출 가공 식품을 먹는 행위를 포
함한다.)·양도·양수·운반·보관하거나 그러한 행위를 알선하지 못
한다.

② 환경부 장관 또는 지방 자치 단체의 장은 이 법을 위반하여 포획·
수입 또는 반입한 야생 동물 및 이를 사용하여 만든 음식물 또는 가공
품에 대하여 압류 등 필요한 조치를 할 수 있다.

제10조(덫·창애·올무의 제작 금지 등) 누구든지 덫·창애·올무,
그 밖에 이와 유사한 방법으로 야생 동물을 포획할 수 있는 도구를 제
작·판매·소지 또는 보관하여서는 아니 된다. 다만, 학술 연구, 관
람·전시, 유해 야생 동물의 포획 등 환경부령이 정하는 경우에는 그
러하지 아니하다.

제11조(야생 동물의 구조 · 치료) ① 환경부 장관 및 시 · 도지사는 조난 또는 부상당한 야생 동물의 구조 · 치료를 위하여 야생 동물의 구조 · 치료 시설을 설치 · 운영하는 등 필요한 조치를 하여야 한다.

② 환경부 장관 및 시 · 도지사는 야생 동물의 구조 · 치료를 위하여 환경부령이 정하는 바에 따라 관련 기관 또는 단체를 야생 동물 전문 구조 · 치료 기관으로 지정할 수 있다.

③ 환경부 장관 및 시 · 도지사는 제2항의 규정에 의하여 지정된 야생 동물 전문 구조 · 치료 기관에 대하여 야생 동물의 구조 · 치료 활동에 소요되는 비용의 전부 또는 일부를 지원할 수 있다.

④ 제2항의 규정에 의한 야생 동물 전문 구조 · 치료 기관의 지정 및 지정 취소에 관하여 필요한 사항은 환경부령으로 정한다.

제12조(야생 동물로 인한 피해의 예방 및 보상) ① 국가 및 지방 자치 단체는 야생 동물로 인한 농업 · 임업 및 어업상의 피해를 예방하기 위하여 필요한 시설을 설치하는 자에 대하여 그 설치 비용의 전부 또는 일부를 지원할 수 있다.

② 국가 및 지방 자치 단체는 멸종 위기 야생 동물 또는 제26조의 규정에 의한 시 · 도 보호 야생 동물에 의하여 농업 · 임업 및 어업상의 피해를 입은 자와 다음 각호의 1에 해당하는 지역에서 야생 동물에 의하여 농업 · 임업 및 어업상의 피해를 입은 자에게 예산의 범위 안에서 그 피해를 보상할 수 있다. 〈개정 2004. 12. 31〉

　1. 제27조의 규정에 의한 야생 동식물 특별 보호 구역

　2. 제33조의 규정에 의한 시 · 도 야생 동식물 보호 구역 및 야생 동식물 보호 구역

　3. 자연 환경 보전법 제12조의 규정에 의한 생태 · 경관 보전 지역

　4. 습지 보전법 제8조의 규정에 의한 습지 보호 지역

　5. 자연 공원법에 의한 자연 공원

　6. 도시 공원법에 의한 도시 공원

　7. 그 밖에 야생 동물의 보호를 위하여 환경부령이 정하는 지역

③ 제2항의 규정에 의한 피해 보상의 기준 및 절차 등에 관하여 필요한 사항은 대통령령으로 정한다.

제2절 멸종 위기 야생 동식물의 보호

제13조(멸종 위기 야생 동식물에 대한 보호 대책의 수립 등) ① 환경부 장관은 대통령령이 정하는 바에 따라 멸종 위기 야생 동식물에 대한 중·장기 보전 대책을 수립·시행하여야 한다.
② 환경부 장관은 멸종 위기 야생 동식물의 서식지 등에 대하여 보호 조치를 강구하여야 하며, 자연 상태에서 현재의 개체군으로는 지속적인 생존이 어렵다고 판단되는 종에 대한 증식·복원 등 필요한 조치를 하여야 한다.
③ 환경부 장관은 멸종 위기 야생 동식물에 대한 중·장기 보전 대책의 시행과 멸종 위기 야생 동식물의 증식·복원 등을 위하여 필요한 경우에는 관계 중앙 행정 기관의 장 및 시·도지사에게 협조를 요청할 수 있다.
④ 환경부 장관은 멸종 위기 야생 동식물의 보호를 위하여 필요하다고 인정하는 경우에는 토지의 소유자·점유자 또는 관리인에게 대통령령이 정하는 바에 따라 당해 토지의 적정한 이용 방법 등에 관한 권고를 할 수 있다.

제14조(멸종 위기 야생 동식물의 포획·채취 금지) ① 누구든지 멸종 위기 야생 동식물을 포획·채취·방사(放飼)·이식·가공·유통·보관·수출·수입·반출·반입(가공·유통·보관·수출·수입·반출 및 반입하는 경우에는 죽은 것을 포함한다.)·훼손 및 고사(枯死)(이하 '포획·채취 등'이라 한다.)시켜서는 아니 된다. 다만, 다음 각호의 1에 해당하는 경우로서 환경부 장관의 허가를 받은 경우에는 그러하지

아니하다.

1. 학술 연구 또는 멸종 위기 야생 동식물의 보호 · 증식 및 복원의 목적으로 사용하고자 하는 경우

2. 제35조의 규정에 의하여 등록된 생물 자원 보전 시설에서 관람용, 전시용으로 사용하고자 하는 경우

3. 공익 사업을 위한 토지 등의 취득 및 보상에 관한 법률 제4조의 규정에 의한 공익 사업의 시행 또는 다른 법령의 규정에 의한 인 · 허가 등을 받은 사업의 시행을 위하여 멸종 위기 야생 동식물을 이동시키거나 이식하여 보호하는 것이 불가피한 경우

4. 사람 또는 동물의 질병의 진단 · 치료 또는 예방을 위하여 관계 중앙 행정 기관의 장이 환경부 장관에게 요청하는 경우

5. 대통령령이 정하는 바에 따라 인공 증식한 것을 수출 · 수입 · 반출 또는 반입하는 경우

6. 그 밖에 멸종 위기 야생 동식물의 보호에 지장을 주지 아니하는 범위 안에서 환경부령이 정하는 경우

② 누구든지 멸종 위기 야생 동식물을 포획하거나 고사시키기 위하여 다음 각호의 1에 해당하는 행위를 하여서는 아니 된다. 다만, 제1항 각호에 해당하는 경우로서 포획 방법을 정하여 환경부 장관의 허가를 받은 경우 등 환경부령이 정하는 경우에는 그러하지 아니하다.

1. 폭발물 · 덫 · 창애 · 올무 · 함정 · 전류 및 그물의 설치 또는 사용

2. 유독물 · 농약 및 이와 유사한 물질의 살포 또는 주입

③ 다음 각호의 1에 해당하는 경우에는 제1항 본문의 규정을 적용하지 아니한다.

1. 인체에 급박한 위해를 끼칠 우려가 있어 포획하는 경우

2. 조난 또는 부상당한 야생 동물의 구조 · 치료가 시급하여 포획하는 경우

3. 문화재 보호법 제20조의 규정에 의한 허가 대상인 경우

4. 서식지 외 보전 기관이 관계 법령의 규정에 의하여 포획 · 채취 등의 인 · 허가 등을 받은 경우

5. 제5항의 규정에 의하여 보관 신고를 하고 보관하는 경우

6. 대통령령이 정하는 바에 따라 인공 증식한 것을 가공·유통 또는 보관하는 경우

④ 제1항 단서의 규정에 의하여 허가를 받고 멸종 위기 야생 동식물의 포획·채취·방사 또는 이식을 하고자 하는 자는 허가증을 지니어야 하고, 포획·채취 등을 한 경우에는 환경부령이 정하는 바에 따라 그 결과를 환경부 장관에게 신고하여야 한다.

⑤ 야생 동식물이 멸종 위기 야생 동식물로 정하여질 당시에 당해 야생 동식물 또는 그 박제품을 보관하고 있는 자는 그 정하여진 날부터 1년 이내에 환경부령이 정하는 바에 따라 환경부 장관에게 이를 신고하여야 한다. 다만, 문화재 보호법 제27조의 규정에 의하여 신고한 경우에는 그러하지 아니하다.

⑥ 제1항 단서의 규정에 의한 허가의 기준·절차 및 허가증의 교부 등에 관하여 필요한 사항은 환경부령으로 정한다.

제15조(멸종 위기 야생 동식물의 포획·채취 등의 허가 취소) ① 환경부 장관은 제14조 제1항 단서의 규정에 의하여 멸종 위기 야생 동식물의 포획·채취 등의 인·허가를 받은 자가 다음 각호의 1에 해당하는 경우에는 그 허가를 취소할 수 있다. 다만, 제1호에 해당하는 경우에는 그 허가를 취소하여야 한다.

1. 거짓, 그 밖의 부정한 방법으로 허가를 받은 경우

2. 멸종 위기 야생 동식물의 포획·채취 등을 함에 있어 허가의 조건을 위반한 경우

3. 그 밖에 이 법 또는 이 법에 의한 명령을 위반한 경우

② 제1항의 규정에 의하여 허가가 취소된 자는 취소된 날부터 7일 이내에 허가증을 환경부 장관에게 반납하여야 한다.

제16조(국제적 멸종 위기종의 국제 거래 등의 규제) ① 국제적 멸종 위기종 및 그 가공품을 수출·수입·반출 또는 반입하고자 하는 자는

환경부 장관의 허가를 받아야 한다. 다만, 국제적 멸종 위기종을 이용한 가공품으로서 약사법에 의한 수출·수입 또는 반입의 허가를 받은 의약품과 대통령령이 정하는 국제적 멸종 위기종 및 그 가공품의 경우에는 그러하지 아니하다.

② 제1항의 규정에 의한 국제적 멸종 위기종 및 그 가공품의 수출·수입·반출 또는 반입의 허가 기준 및 허가 절차에 관하여 필요한 사항은 대통령령으로 정한다.

③ 제1항 본문의 규정에 의하여 허가를 받아 수입 또는 반입된 국제적 멸종 위기종 및 그 가공품은 그 수입 또는 반입 목적 외의 용도로 사용할 수 없다. 다만, 용도 변경이 불가피한 경우로서 환경부령이 정하는 바에 따라 환경부 장관의 승인을 얻은 경우에는 그러하지 아니하다.

④ 누구든지 제1항 본문의 규정에 의한 허가를 받지 아니하고 수입 또는 반입된 국제적 멸종 위기종 및 그 가공품을 그 사실을 알면서 양도·양수, 양도·양수의 알선·중개, 소유, 점유 또는 진열하여서는 아니 된다.

⑤ 제1항 본문의 규정에 의하여 허가를 받아 수입 또는 반입된 국제적 멸종 위기종으로부터 증식된 종은 제1항 본문의 규정에 의하여 수입 또는 반입 허가를 받은 것으로 보며, 처음에 수입 또는 반입된 국제적 멸종 위기종의 용도와 동일한 것으로 본다. 이 경우 제3항 단서의 규정에 의하여 용도가 변경된 국제적 멸종 위기종으로부터 증식된 종의 용도는 변경된 용도와 동일한 것으로 본다.

⑥ 제1항 본문의 규정에 의하여 허가를 받고 수입 또는 반입한 국제적 멸종 위기종을 양도한 때 또는 국제적 멸종 위기종이 죽거나 질병에 걸려 사육할 수 없게 된 때에는 환경부령이 정하는 바에 따라 환경부 장관에게 신고하여야 한다.

⑦ 누구든지 적법한 절차를 거치지 아니하고 국제적 멸종 위기종 및 그 가공품을 국외에서 포획·채취·구입하거나 국내로의 반입 또는 반입을 위한 알선·중개를 하여서는 아니 된다.

제17조(국제적 멸종 위기종의 수출·수입 허가의 취소 등) ① 환경부 장관은 제16조 제1항 본문의 규정에 의하여 국제적 멸종 위기종 및 그 가공품의 수출·수입·반출 또는 반입 허가를 받은 자가 다음 각호의 1에 해당하는 경우에는 그 허가를 취소할 수 있다. 다만, 제1호에 해당하는 경우에는 그 허가를 취소하여야 한다.

   1. 거짓, 그 밖의 부정한 방법으로 허가를 받은 경우

   2. 국제적 멸종 위기종 및 그 가공품의 수출·수입·반출 또는 반입을 함에 있어 허가의 조건을 위반한 경우

   3. 그 밖에 이 법 또는 이 법에 의한 명령을 위반한 경우

② 환경부 장관 또는 관계 행정 기관의 장은 다음 각호의 1에 해당하는 국제적 멸종 위기종 중 살아 있는 동식물의 생존을 위하여 긴급한 경우에는 즉시 필요한 보호 조치를 할 수 있다.

   1. 제16조 제3항 본문의 규정을 위반하여 그 수입 또는 반입 목적 외의 용도로 사용되고 있는 것

   2. 제16조 제4항의 규정을 위반하여 허가를 받지 아니하고 수입 또는 반입된 사실을 알면서 양도·양수, 양도·양수의 알선·중개, 소유, 점유하거나 진열되고 있는 것

③ 환경부 장관 또는 관계 행정 기관의 장은 제2항의 규정에 의하여 보호 조치되거나 이 법을 위반하여 몰수된 국제적 멸종 위기종을 수출국 또는 원산국과 협의하여 반송하거나, 보호 시설, 그 밖의 적정한 시설로 이송할 수 있다.

제18조(멸종 위기 야생 동식물 등의 광고 제한) 누구든지 멸종 위기 야생 동식물 및 국제적 멸종 위기종의 멸종 또는 감소를 촉진시키거나 학대를 유발할 수 있는 광고를 하여서는 아니 된다. 다만, 다른 법률에 의하여 인·허가 등을 받은 경우에는 그러하지 아니하다.

제3절 멸종 위기 야생 동식물 외의 야생 동식물 보호 등

제19조(야생 동물의 포획 금지 등) ① 누구든지 멸종 위기 야생 동식물에 해당하지 아니하는 야생 동물 중 환경부령이 정하는 포유류·조류·양서류 및 파충류를 포획하여서는 아니 된다. 다만, 다음 각호의 1에 해당하는 경우로서 시장·군수·구청장(자치구의 구청장을 말한다. 이하 같다.)의 허가를 받은 경우에는 그러하지 아니하다.

  1. 학술 연구 또는 야생 동물의 보호·증식 및 복원의 목적으로 사용하고자 하는 경우

  2. 제35조의 규정에 의하여 등록된 생물 자원 보전 시설에서 관람용, 전시용으로 사용하고자 하는 경우

  3. 공익 사업을 위한 토지 등의 취득 및 보상에 관한 법률 제4조의 규정에 의한 공익 사업의 시행 또는 다른 법령의 규정에 의한 인·허가 등을 받은 사업의 시행을 위하여 야생 동물을 이동시켜 보호하는 것이 불가피한 경우

  4. 사람 또는 동물의 질병의 진단·치료 또는 예방을 위하여 관계 중앙 행정 기관의 장이 시장·군수·구청장에게 요청하는 경우

  5. 그 밖에 야생 동물의 보호에 지장을 주지 아니하는 범위 안에서 환경부령이 정하는 경우

② 누구든지 제1항 본문의 규정에 의한 야생 동물을 포획하기 위하여 다음 각호의 1에 해당하는 행위를 하여서는 아니 된다. 다만, 제1항 각호에 해당하는 경우로서 포획 방법을 정하여 허가를 받은 경우 등 환경부령이 정하는 경우에는 그러하지 아니하다.

  1. 폭발물·덫·창애·올무·함정·전류 및 그물의 설치 또는 사용

  2. 유독물·농약 및 이와 유사한 물질의 살포 또는 주입

③ 다음 각호의 1에 해당하는 경우에는 제1항 본문의 규정을 적용하지 아니한다.

  1. 인체에 급박한 위해를 끼칠 우려가 있어 포획하는 경우

　　2. 조난 또는 부상당한 야생 동물의 구조·치료가 시급하여 포획하
　　　는 경우
　　3. 문화재 보호법 제20조의 규정에 의한 허가 대상인 경우
　　4. 서식지 외 보전 기관이 관계 법령의 규정에 의하여 포획의 인·
　　　허가 등을 받은 경우
　　5. 제23조 제1항의 규정에 의하여 시장·군수·구청장으로부터 유
　　　해 야생 동물의 포획 허가를 받은 경우
　　6. 제50조 제1항의 규정에 의하여 수렵장 설정자로부터 수렵 승인
　　　을 얻은 경우
④ 제1항 단서의 규정에 의하여 야생 동물을 포획한 자는 환경부령이
정하는 바에 따라 그 결과를 시장·군수·구청장에게 신고하여야 한다.
⑤ 제1항 단서의 규정에 의한 허가의 기준·절차 및 허가증의 교부 등
에 관하여 필요한 사항은 환경부령으로 정한다.

제20조(야생 동물의 포획 허가 취소) ① 시장·군수·구청장은 제19
조 제1항 단서의 규정에 의하여 야생 동물의 포획 허가를 받은 자가
다음 각호의 1에 해당하는 경우에는 그 허가를 취소할 수 있다. 다만,
제1호에 해당하는 경우에는 그 허가를 취소하여야 한다.
　　1. 거짓, 그 밖의 부정한 방법으로 허가를 받은 경우
　　2. 야생 동물을 포획함에 있어 허가의 조건을 위반한 경우
　　3. 그 밖에 이 법 또는 이 법에 의한 명령을 위반한 경우
② 제1항의 규정에 의하여 허가가 취소된 자는 취소된 날부터 7일 이
내에 허가증을 시장·군수·구청장에게 반납하여야 한다.

제21조(야생 동물의 수출·수입 등) ① 멸종 위기 야생 동식물에 해당
하지 아니하는 야생 동물 중 환경부령이 정하는 포유류·조류·양서
류·파충류(가공품을 포함한다. 이하 같다.)를 수출·수입·반출 또는
반입하고자 하는 자는 환경부령이 정하는 바에 따라 시장·군수·구청
장의 허가를 받아야 한다.

② 다음 각호의 1에 해당하는 경우에는 제1항의 규정을 적용하지 아니한다.

1. 문화재 보호법 제21조의 규정에 의한 수출 및 반출의 금지 대상인 경우
2. 야생 동물을 이용한 가공품으로서 약사법 제34조의 규정에 의한 수입 허가를 받은 의약품
3. 제41조의 규정에 의하여 환경부 장관이 지정·고시하는 생물 자원을 수출 또는 반출하고자 하는 경우

제22조(야생 동물의 수출·수입 등 허가의 취소) 시장·군수·구청장은 제21조 제1항의 규정에 의하여 야생 동물의 수출·수입·반출 또는 반입 허가를 받은 자가 다음 각호의 1에 해당하는 경우에는 그 허가를 취소할 수 있다. 다만, 제1호에 해당하는 경우에는 그 허가를 취소하여야 한다.

1. 거짓, 그 밖의 부정한 방법으로 허가를 받은 경우
2. 야생 동물 및 그 가공품을 수출·수입·반출 또는 반입을 함에 있어 허가의 조건을 위반한 경우
3. 그 밖에 이 법 또는 이 법에 의한 명령을 위반한 경우

제23조(유해 야생 동물의 포획 허가 등) ① 유해 야생 동물을 포획하고자 하는 자는 환경부령이 정하는 바에 따라 시장·군수·구청장의 허가를 받아야 한다.
② 시장·군수·구청장은 제1항의 규정에 의하여 유해 야생 동물의 포획을 허가하고자 할 때에는 유해 야생 동물로 인한 농작물 등의 피해 상황, 유해 야생 동물의 종류 및 수 등을 조사하여 과도한 포획으로 인한 생태계의 교란이 발생하지 아니하도록 하여야 한다.
③ 시장·군수·구청장은 유해 야생 동물의 포획 허가를 신청한 자의 요청이 있는 경우 제44조의 규정에 의한 수렵 면허를 받고, 제51조의 규정에 의한 수렵 보험에 가입한 자에게 포획을 대행하게 할 수 있다.

④ 제1항의 규정에 의한 허가의 기준, 포획 방법 등에 관하여 필요한 사항은 환경부령으로 정한다.

제24조(야생화된 동물의 관리) ① 환경부 장관은 버려지거나 달아나 야생화된 가축 또는 애완 동물로 인하여 생물 다양성의 감소 등 생태계에 교란이 발생하거나 발생할 우려가 있는 경우에는 관계 중앙 행정 기관의 장과 협의하여 이를 관리 동물로 지정·고시하여 필요한 조치를 할 수 있다.
② 환경부 장관은 관리 동물로 인한 생태계의 교란을 방지하기 위하여 필요한 경우에는 관계 중앙 행정 기관의 장 또는 지방 자치 단체의 장에게 관리 동물의 포획 등 적절한 조치를 하도록 요청할 수 있다.

제25조(생태계 교란 야생 동식물의 관리 등) ① 누구든지 생태계 교란 야생 동식물을 자연 환경에 풀어 놓거나 식재하여서는 아니 된다.
② 생태계 교란 야생 동식물을 수입 또는 반입하고자 하는 자는 환경부령이 정하는 바에 따라 환경부 장관의 허가를 받아야 한다. 다만, 생태계 교란 야생 동식물 중 유전자 변형 생물체의 국가 간이동 등에 관한 법률 제2조의 규정에 의한 유전자 변형 생물체는 그 법이 정하는 바에 따른다.
③ 환경부 장관은 생태계 교란 야생 동식물의 관리를 위하여 필요한 경우에는 관계 중앙 행정 기관의 장 또는 지방 자치 단체의 장에게 적절한 조치를 하도록 요청할 수 있다. 이 경우 수도법 제5조 제3항의 규정에 의한 상수원 보호 구역 안에서의 행위 제한에 불구하고 생태계 교란 야생 동식물을 포획·채취하도록 할 수 있으며, 불가피한 경우에는 다른 야생 동식물과 함께 포획·채취할 수 있다.
④ 환경부 장관은 생태계 교란 야생 동식물이 생태계에 미치는 영향에 대하여 지속적으로 조사·평가하고, 생태계 교란 야생 동식물로 인한 생태계의 교란을 줄이기 위하여 필요한 조치를 하여야 한다.

제26조(시·도 보호 야생 동식물의 지정) ① 시·도지사는 관할 구역 안에서 그 수가 감소하는 등 멸종 위기 야생 동식물에 준하여 보호가 필요하다고 인정되는 야생 동식물에 대하여는 당해 특별시·광역시 또는 도(이하 '시·도'라 한다.)의 조례가 정하는 바에 따라 시·도 보호 야생 동식물로 지정·고시할 수 있다.

② 시·도지사는 당해 시·도의 조례가 정하는 바에 따라 시·도 보호 야생 동식물의 포획·채취 금지 등 야생 동식물의 보호를 위하여 필요한 조치를 할 수 있다.

제4절 야생 동식물 특별 보호 구역 등의 지정·관리

제27조(야생 동식물 특별 보호 구역의 지정) ① 환경부 장관은 멸종 위기 야생 동식물의 보호 및 번식을 위하여 특별히 보전할 필요가 있는 지역에 대하여 토지 소유자 등 이해 관계인 및 지방 자치 단체의 장의 의견을 듣고 관계 중앙 행정 기관의 장과 협의를 거쳐 야생 동식물 특별 보호 구역(이하 '특별 보호 구역'이라 한다.)으로 지정할 수 있다.

② 환경부 장관은 특별 보호 구역이 군사 목적상 또는 천재지변, 그 밖의 사유로 인하여 특별 보호 구역으로서의 가치를 상실하거나 보전할 필요가 없게 된 경우에는 그 지정을 변경 또는 해제하여야 한다. 이 경우 제1항의 절차를 준용한다.

③ 환경부 장관은 특별 보호 구역을 지정·변경 또는 해제하는 경우에는 보호 구역의 위치·면적·지정 일시, 그 밖에 필요한 사항을 정하여 고시하여야 한다.

④ 그 밖에 특별 보호 구역의 지정 기준·절차 등에 관하여 필요한 사항은 환경부령으로 정한다.

제28조(특별 보호 구역 안에서의 행위 제한) ① 누구든지 특별 보호

구역 안에서는 다음 각호의 1에 해당하는 훼손 행위를 하여서는 아니된다. 다만, 문화재 보호법 제2조의 규정에 의한 문화재(보호 구역을 포함한다.)에 대하여는 그 법이 정하는 바에 따른다.

  1. 건축물, 그 밖의 공작물의 신축·증축(기존 건축 연면적의 2배 이상 증축하는 경우에 한한다.) 및 토지의 형질 변경

  2. 하천·호소 등의 구조를 변경하거나 수위 또는 수량에 증감을 가져오는 행위

  3. 토석의 채취

  4. 그 밖에 야생 동식물 보호에 유해하다고 인정되는 훼손 행위로서 대통령령이 정하는 행위

② 다음 각호의 1에 해당하는 경우에는 제1항의 규정을 적용하지 아니한다.

  1. 군사 목적상 필요한 경우

  2. 천재지변 또는 이에 준하는 대통령령이 정하는 재해가 발생하여 긴급한 조치가 필요한 경우

  3. 특별 보호 구역 안에서 기존에 실시하던 영농 행위를 지속하기 위하여 필요한 행위 등 대통령령이 정하는 행위를 하는 경우

  4. 그 밖에 환경부 장관이 야생 동식물의 보호에 지장이 없다고 인정하여 고시하는 행위를 하는 경우

③ 누구든지 특별 보호 구역 안에서 다음 각호의 1에 해당하는 행위를 하여서는 아니 된다. 다만, 제2항 제1호 및 제2호의 규정에 해당하는 경우에는 그러하지 아니하다.

  1. 수질 환경 보전법 제2조의 규정에 의한 특정 수질 유해 물질, 폐기물 관리법 제2조의 규정에 의한 폐기물 또는 유해 화학 물질 관리법 제2조의 규정에 의한 유독물을 버리는 행위

  2. 환경부령이 정하는 인화 물질을 소지하거나 취사 또는 야영하는 행위

  3. 야생 동식물 보호에 관한 안내판, 그 밖의 표지물을 오손 또는 훼손하거나 함부로 이전하는 행위

4. 그 밖에 야생 동식물의 보호를 위하여 금지하여야 할 행위로서
대통령령이 정하는 행위
④ 환경부 장관은 멸종 위기 야생 동식물의 보호를 위하여 불가피한
경우에는 제2항 제3호의 규정에 의한 행위를 제한할 수 있다.

제29조(출입 제한) ① 환경부 장관은 야생 동식물의 보호 및 멸종의
예방을 위하여 필요하다고 인정하는 경우에는 특별 보호 구역의 전부
또는 일부 지역에 대하여 일정한 기간을 정하여 그 지역에의 출입을
제한하거나 금지할 수 있다. 다만, 다음 각호의 1에 해당하는 행위를
위하여 출입하는 경우에는 그러하지 아니하며, 문화재 보호법 제2조
의 규정에 의한 문화재(보호 구역을 포함한다.)에 대하여는 문화재청장
과 협의하여야 한다.
　1. 야생 동식물의 보호를 위하여 필요한 행위로서 환경부령이 정하
　　는 행위
　2. 군사 목적상 필요한 행위
　3. 천재지변 또는 이에 준하는 대통령령이 정하는 재해가 발생하여
　　긴급한 조치를 하거나 원상 복구에 필요한 조치를 하는 행위
　4. 특별 보호 구역 안에서 기존에 실시하던 영농 행위를 지속하기
　　위하여 필요한 행위 등 대통령령이 정하는 행위를 하는 경우
　5. 그 밖에 야생 동식물의 보호에 지장이 없는 것으로서 환경부령이
　　정하는 행위
② 환경부 장관은 제1항의 규정에 의하여 출입을 제한하거나 금지하고
자 하는 때에는 당해 지역의 위치·면적·기간·출입 방법, 그 밖에
환경부령이 정하는 사항을 고시하여야 한다.
③ 환경부 장관은 제1항의 규정에 의하여 출입을 제한하거나 금지하게
된 사유가 소멸된 경우에는 지체없이 그 출입의 제한 또는 금지를 해
제하여야 하며, 그 사실을 고시하여야 한다.

제30조(중지 명령 등)　환경부 장관은 특별 보호 구역 안에서 제28조

제1항 각호의 규정을 위반하는 행위를 한 사람에 대하여 그 행위의 중지를 명하거나 상당한 기간을 정하여 원상 회복을 명할 수 있다. 다만, 원상 회복이 곤란한 경우에는 이에 상응하는 조치를 하도록 명할 수 있다.

제31조(특별 보호 구역 토지 등의 매수) ① 환경부 장관은 효과적인 야생 동식물의 보호를 위하여 필요한 경우에는 특별 보호 구역, 특별 보호 구역으로 지정하고자 하는 지역 및 그 주변 지역의 토지 등을 그 소유자와 협의하여 매수할 수 있다.
② 환경부 장관은 특별 보호 구역의 지정으로 손실을 입는 자가 있는 경우에는 대통령령이 정하는 바에 따라 예산의 범위 안에서 그 손실을 보상할 수 있다.
③ 제1항의 규정에 의한 토지 등의 매수 가격은 공익 사업을 위한 토지 등의 취득 및 보상에 관한 법률에 따라 산정한 가액에 의한다.

제32조(멸종 위기종 관리 계약의 체결 등) ① 환경부 장관은 특별 보호 구역 및 인접 지역(특별 보호 구역에 수질 오염 등의 영향을 직접 끼칠 수 있는 지역을 말한다. 이하 이 조에서 같다.)에서 멸종 위기 야생 동식물의 보호를 위하여 필요한 경우에는 토지의 소유자·점유자 등과 경작 방식의 변경, 화학 물질의 사용 저감 등 토지의 관리 방법 등을 내용으로 하는 계약(이하 '멸종 위기종 관리 계약'이라 한다.)을 체결하거나 관계 중앙 행정 기관의 장 또는 지방 자치 단체의 장에게 멸종 위기종 관리 계약의 체결을 권고할 수 있다.
② 환경부 장관·관계 중앙 행정 기관의 장 또는 지방 자치 단체의 장이 멸종 위기종 관리 계약을 체결하는 경우에는 그 계약의 이행으로 인하여 손실을 입은 자에게 보상을 하여야 한다.
③ 환경부 장관은 인접 지역에서 그 지역의 주민이 주택의 증축 등을 하는 경우에는 오수·분뇨 및 축산 폐수의 처리에 관한 법률 제2조의 규정에 의한 오수 처리 시설 또는 단독 정화조를 설치하는 비용의 전

부 또는 일부를 지원할 수 있다.

④ 환경부 장관은 특별 보호 구역 및 인접 지역에 대하여 우선적으로 오수·폐수 및 축산 폐수의 처리를 위한 지원 방안을 수립하여야 하고, 그 지원에 필요한 조치 및 환경 친화적 농업·임업·어업의 육성을 위하여 필요한 조치를 하도록 관계 중앙 행정 기관의 장에게 요청할 수 있다.

⑤ 멸종 위기종 관리 계약의 체결·보상·해지 및 인접 지역에 대한 지원의 종류·절차·방법 등에 관하여 필요한 사항은 대통령령으로 정한다.

제33조(야생 동식물 보호 구역의 지정 등) ① 시·도지사는 멸종 위기 야생 동식물 등을 보호하기 위하여 특별 보호 구역에 준하여 보호할 필요가 있는 지역을 시·도 야생 동식물 보호 구역(이하 '시·도 보호 구역'이라 한다.)으로, 시장·군수·구청장은 야생 동식물의 보호를 위하여 필요한 지역을 야생 동식물 보호 구역(이하 '보호 구역'이라 한다.)으로 각각 지정할 수 있다.

② 시·도지사 및 시장·군수·구청장은 시·도 보호 구역 또는 보호 구역을 지정하고자 할 때에는 대통령령이 정하는 바에 따라 토지 소유자 등 이해 관계인의 의견을 듣고 관계 행정 기관의 장과 협의를 거쳐야 한다. 시·도 보호 구역 또는 보호 구역의 지정을 변경하거나 해제하고자 할 때에도 또한 같다.

③ 시·도지사 및 시장·군수·구청장은 시·도 보호 구역 또는 보호 구역을 지정·변경 또는 해제하는 경우에는 환경부령이 정하는 바에 따라 보호 구역의 위치·면적·지정 일시, 그 밖에 당해 지방 자치 단체의 조례가 정하는 사항을 고시하여야 한다.

④ 시·도지사 및 시장·군수·구청장은 제28조 내지 제32조의 규정에 준하여 당해 지방 자치 단체의 조례가 정하는 바에 따라 출입 제한 등 시·도 보호 구역 또는 보호 구역의 보전에 필요한 조치를 할 수 있다.

⑤ 환경부 장관이 정하여 고시하는 야생 동물의 번식기에 시·도 보호

구역 또는 보호 구역 안에 들어가고자 하는 자는 환경부령이 정하는 바에 따라 시 · 도지사 또는 시장 · 군수 · 구청장에게 신고하여야 한다. 다만, 다음 각호의 1에 해당하는 경우에는 그러하지 아니하다.

    1. 산불의 진화(鎭火) 및 자연 재해 대책법에 의한 재해의 예방 · 복구 등을 위한 경우

    2. 군의 업무 수행을 위한 경우

    3. 그 밖에 자연 환경 조사 등 환경부령이 정하는 경우

제34조(보호 구역 안에서의 개발 행위 등의 협의)　시 · 도 보호 구역 또는 보호 구역 안에서 다른 법령에 의하여 국가 또는 지방 자치 단체가 이용 · 개발 등의 행위를 하거나 이용 · 개발 등에 관한 인 · 허가 등을 하고자 할 때에는 소관 행정 기관의 장은 시 · 도 보호 구역 또는 보호 구역을 관할하는 시 · 도지사 또는 시장 · 군수 · 구청장과 미리 협의하여야 한다.

제 3 장　생물 자원의 보전

제35조(생물 자원 보전 시설의 등록)　① 생물 자원 보전 시설을 설치 · 운영하는 자는 환경부령이 정하는 바에 따라 시설 및 요건을 갖추어 환경부 장관에게 등록할 수 있다. 다만, 수목원 조성 및 진흥에 관한 법률 제9조의 규정에 의하여 등록한 수목원은 이 법에 의하여 생물 자원 보전 시설로 등록한 것으로 본다.

② 제1항의 규정에 의하여 생물 자원 보전 시설을 등록한 자가 등록한 사항 중 환경부령이 정하는 사항을 변경하고자 하는 때에는 변경 등록을 하여야 한다.

제36조(등록의 취소)　① 환경부 장관은 제35조 제1항의 규정에 의하

여 생물 자원 보전 시설을 등록한 자가 다음 각호의 1에 해당하는 경우에는 그 등록을 취소할 수 있다. 다만, 제1호에 해당하는 경우에는 그 등록을 취소하여야 한다.
　　1. 거짓, 그 밖의 부정한 방법으로 등록을 한 경우
　　2. 제35조 제1항의 규정에 의한 시설 및 요건을 갖추지 못한 경우
② 제1항의 규정에 의하여 등록이 취소된 자는 취소된 날부터 7일 이내에 그 등록증을 환경부 장관에게 반납하여야 한다.

제37조(생물 자원 보전 시설에 대한 지원) 환경부 장관은 야생 동식물 등 생물 자원의 효율적인 보전을 위하여 필요한 경우에는 제35조의 규정에 의하여 등록된 생물 자원 보전 시설에서 멸종 위기 야생 동식물 등을 보전하게 하고, 그 비용의 전부 또는 일부를 지원할 수 있다.

제38조(생물 자원 보전 시설 간 정보 교환 체계) 환경부 장관은 생물 자원에 관한 정보의 효율적인 관리 및 이용과 생물 자원 보전 시설 상호간의 협력을 도모하기 위하여 다음 각호의 기능을 내용으로 하는 정보 교환 체계를 구축하여야 한다.
　　1. 전산 정보 체계를 통한 정보 및 자료의 유통
　　2. 보유하는 생물 자원에 대한 정보 교환
　　3. 생물 자원 보전 시설의 과학적인 관리
　　4. 그 밖에 생물 자원 보전 시설의 상호 협력에 관한 사항

제39조(생물 자원관의 설치·운영 등) ① 국가 및 지방 자치 단체는 생물 자원의 효율적인 보전을 위하여 생물 자원관을 둘 수 있다.
② 제1항의 규정에 의하여 생물 자원관을 설치하는 경우에는 생물 자원관의 효율적인 운영 및 관리를 위하여 생물 자원의 분류·보전 등에 관한 관련 전문가를 두어야 한다.
③ 생물 자원관의 설치·운영 등에 관하여 필요한 사항은 대통령령으로 정한다.

제40조(박제업자의 등록 등) ① 야생 동물의 박제품의 제조 또는 판매를 업으로 하고자 하는 자는 시장·군수·구청장에게 등록하여야 한다. 등록한 사항 중 환경부령이 정하는 사항을 변경하고자 하는 때에도 또한 같다.

② 제1항의 규정에 의하여 등록을 한 자(이하 '박제업자' 라 한다.)는 박제품(박제용 야생 동물을 포함한다. 이하 같다.)의 출처·종류·수량 및 거래 상대방 등 환경부령이 정하는 사항을 기재한 장부를 비치하여야 한다.

③ 시장·군수·구청장은 박제업자에게 야생 동물의 보호·번식을 위하여 필요한 경우에 박제품의 신고 등 필요한 명령을 할 수 있다.

④ 제1항의 규정에 의한 등록 및 등록증의 교부에 관하여 필요한 사항은 환경부령으로 정한다.

⑤ 시장·군수·구청장은 박제업자가 제1항 내지 제3항의 규정을 위반한 때에는 6월 이내의 범위에서 영업을 정지하거나 등록을 취소할 수 있다.

⑥ 제5항의 규정에 의하여 등록이 취소된 자는 취소된 날부터 7일 이내에 그 등록증을 시장·군수·구청장에게 반납하여야 한다.

제41조(생물 자원의 국외 반출) 생물 다양성의 보전을 위하여 보호할 가치가 높은 것으로서 환경부 장관이 관계 중앙 행정 기관의 장과 협의하여 지정·고시하는 생물 자원을 국외로 반출하고자 하는 자는 환경부령이 정하는 바에 따라 환경부 장관의 승인을 얻어야 한다.

제 4 장 수렵 관리

제42조(수렵장의 설정 등) ① 환경부 장관 또는 지방 자치 단체의 장은 야생 동물의 보호와 국민의 건전한 수렵 활동을 위하여 대통령령이 정하는 바에 따라 일정한 지역에 수렵을 할 수 있는 장소(이하 '수렵장'이라 한다.)를 설정할 수 있다.

② 누구든지 수렵장 외의 장소에서 수렵을 하여서는 아니 된다.

③ 환경부 장관 또는 지방 자치 단체의 장은 수렵장을 설정하고자 하는 때에는 미리 토지 소유자 등 이해 관계인의 의견을 들어야 하고, 수렵장을 설정한 때에는 지체없이 이를 고시하여야 한다.

④ 환경부 장관 또는 지방 자치 단체의 장은 수렵장을 설정한 후 야생 동물의 보호를 위하여 필요한 경우에는 수렵장의 설정을 해제 또는 변경할 수 있으며, 수렵장의 설정을 해제 또는 변경한 때에는 지체없이 이를 고시하여야 한다.

⑤ 지방 자치 단체의 장이 제1항의 규정에 의하여 수렵장을 설정하고자 하는 경우에는 환경부 장관의 승인을 얻어야 한다. 수렵장의 설정을 변경하거나 해제하는 경우에도 또한 같다.

⑥ 환경부 장관 또는 지방 자치 단체의 장은 제1항의 규정에 의하여 수렵장을 설정한 때에는 환경부령이 정하는 바에 따라 수렵으로 인한 위해의 예방 및 이용자의 건전한 수렵 활동을 위하여 필요한 시설·설비 등을 갖추어야 하고, 수렵장 관리 규정을 정하여야 한다.

제43조(수렵 동물의 지정 등) ① 환경부 장관은 수렵장 안에서 수렵할 수 있는 야생 동물(이하 '수렵 동물'이라 한다.)의 종류를 지정·고시하여야 한다.

② 환경부 장관 또는 지방 자치 단체의 장은 수렵장 안에서 야생 동물의 보호·번식을 위하여 수렵을 제한하고자 하는 경우에는 수렵 동물을 포획할 수 있는 기간(이하 '수렵 기간'이라 한다.), 당해 수렵장 안

에서 수렵할 수 있는 동물의 종류·수량, 수렵 도구, 수렵 방법 및 수
렵인의 수 등을 정하여 고시하여야 한다.

③ 환경부 장관은 수렵 동물의 지정 등을 위하여 야생 동물의 종류 및
서식 밀도 등에 대한 조사를 주기적으로 실시하여야 한다.

제44조(수렵 면허) ① 수렵장 안에서 야생 동물을 수렵하고자 하는
자는 대통령령이 정하는 바에 따라 그 주소지를 관할하는 시·도지사
로부터 수렵 면허를 받아야 한다.

② 수렵 면허의 종류는 다음 각호와 같다.

  1. 제1종 수렵 면허 : 총기를 사용하는 수렵

  2. 제2종 수렵 면허 : 총기 외의 수렵 도구를 사용하는 수렵

③ 제1항의 규정에 의하여 수렵 면허를 받은 자는 환경부령이 정하는
바에 따라 5년마다 수렵 면허를 갱신하여야 한다.

④ 제1항의 규정에 의하여 수렵 면허를 받거나 제3항의 규정에 의하
여 수렵 면허를 갱신하고자 하는 자는 환경부령이 정하는 바에 따라
수수료를 납부하여야 한다.

제45조(수렵 면허 시험 등) ① 수렵 면허를 받고자 하는 자는 제44조
제2항의 규정에 의한 수렵 면허의 종류별로 수렵에 관한 법령 등 환경
부령이 정하는 사항에 대하여 시·도지사가 실시하는 수렵 면허 시험
에 합격하여야 한다.

② 제1항의 규정에 의한 수렵 면허 시험의 실시 방법·절차, 그 밖에
필요한 사항은 대통령령으로 정한다.

③ 제1항의 규정에 의한 수렵 면허 시험에 응시하고자 하는 자는 환경
부령이 정하는 바에 따라 수수료를 납부하여야 한다.

제46조(결격 사유) 다음 각호의 1에 해당하는 자는 수렵 면허를 받을
수 없다.

  1. 미성년자

2. 심신 상실자, 마약·대마·향정신성 의약품 또는 알코올 중독자,
   그 밖에 이에 준하는 정신 장애인
3. 이 법을 위반하여 금고 이상의 실형을 선고받고 그 집행이 종료
   (집행이 종료된 것으로 보는 경우를 포함한다.)되거나 집행이 면
   제된 날부터 2년이 경과되지 아니한 자
4. 이 법을 위반하여 금고 이상의 형의 집행 유예를 선고받고 그 유
   예 기간 중에 있는 자
5. 수렵 면허가 취소된 날부터 1년이 경과되지 아니한 자

제47조(수렵 강습) ① 수렵 면허를 받고자 하는 자는 제45조 제1항
의 규정에 의한 수렵 면허 시험에 합격한 후 환경부령이 정하는 바에
따라 환경부 장관이 지정하는 전문 기관(이하 '수렵 강습 기관' 이라 한
다.)에서 실시하는 수렵의 역사·문화, 수렵시 지켜야 할 안전 수칙 등
에 관한 강습을 받아야 한다.
② 수렵 강습 기관의 장은 제1항의 규정에 의한 강습을 받은 자에게 강
습 이수증을 발급하여야 한다.
③ 수렵 강습 기관의 장은 제1항의 규정에 의한 수렵 강습을 받고자 하
는 자에게 환경부령이 정하는 바에 따라 수강료를 징수할 수 있다.
④ 수렵 강습 기관의 지정 및 지정 취소 등에 관하여 필요한 사항은 환
경부령으로 정한다.

제48조(수렵 면허증의 교부 등) ① 시·도지사는 제45조 제1항의 규
정에 의한 수렵 면허 시험에 합격하고, 제47조 제2항의 규정에 의한
강습 이수증을 발급받은 자에게 환경부령이 정하는 바에 따라 수렵 면
허증을 교부하여야 한다.
② 수렵 면허의 효력은 제1항의 규정에 의한 수렵 면허증을 본인 또는
대리인에게 교부한 때부터 발생하고, 교부받은 수렵 면허증은 다른 사
람에게 대여하지 못한다.
③ 제1항의 규정에 의한 수렵 면허증을 잃어버렸거나 손상되어 못 쓰

게 된 때에는 환경부령이 정하는 바에 따라 재교부받아야 한다.

제49조(수렵 면허의 취소·정지) ① 시·도지사는 수렵 면허를 받은 자가 다음 각호의 1에 해당하는 경우에는 대통령령이 정하는 바에 따라 수렵 면허를 취소하거나 1년 이내의 범위에서 일정한 기간을 정하여 그 수렵 면허의 효력을 정지할 수 있다. 다만, 제1호 및 제2호에 해당하는 경우에는 그 수렵 면허를 취소하여야 한다.
  1. 거짓, 그 밖의 부정한 방법으로 수렵 면허를 받은 경우
  2. 수렵 면허를 받은 자가 제46조 제1호 내지 제4호의 1에 해당하는 경우
  3. 수렵 중 고의 또는 과실로 다른 사람의 생명·신체 또는 재산에 대하여 피해를 일으킨 경우
  4. 수렵 도구를 이용하여 범죄 행위를 한 경우
  5. 그 밖에 이 법 또는 이 법에 의한 명령을 위반한 경우
② 제1항의 규정에 의하여 수렵 면허의 취소 또는 정지 처분을 받은 자는 취소 또는 정지 처분을 받은 날부터 7일 이내에 수렵 면허증을 시·도지사에게 반납하여야 한다.

제50조(수렵 승인 등) ① 수렵장 안에서 야생 동물을 수렵하고자 하는 자는 제42조 제1항의 규정에 의하여 수렵장을 설정한 자(이하 '수렵장 설정자' 라 한다.)로부터 환경부령이 정하는 바에 따라 수렵 승인을 얻어야 하며, 수렵장 설정자에게 수렵장 사용료를 납부하여야 한다.
② 제1항의 규정에 의하여 수렵장 설정자의 승인을 얻어 수렵한 자는 환경부령이 정하는 바에 따라 수렵 동물의 종류 및 수량 등을 수렵장 설정자에게 신고하여야 한다.
③ 수렵장 설정자는 수렵장 사용료 등의 수입을 수렵장 시설의 설치·유지 관리와 대통령령이 정하는 사업에 사용하여야 한다. 다만, 수입금 중 100분의 40 이내의 범위에서 환경 개선 특별 회계법에 의한 환경 개선 특별 회계의 세입 재원으로, 100분의 10 이내의 범위에서 농

어촌 구조 개선 특별 회계법에 의한 임업 진흥 사업 계정의 세입 재원
으로 사용할 수 있다.
④ 수렵장 설정자 중 지방 자치 단체의 장은 환경부령이 정하는 바에
따라 수렵장의 운영 실적을 환경부 장관에게 보고하여야 한다.

제51조(수렵 보험) 수렵장 안에서 야생 동물을 수렵하고자 하는 자는
수렵으로 인하여 다른 사람의 생명·신체 또는 재산에 피해를 일으킨
경우에 이를 보상할 수 있도록 대통령령이 정하는 바에 따라 보험에
가입하여야 한다.

제52조(수렵 면허증의 휴대 의무) 수렵장 안에서 야생 동물을 수렵하
고자 하는 자는 제48조 제1항의 규정에 의한 수렵 면허증을 지니고
있어야 한다.

제53조(수렵장의 위탁 관리) ① 수렵장 설정자는 수렵 동물의 보호·
번식과 수렵장의 효율적 운영을 위하여 필요한 때에는 대통령령이 정
하는 요건을 갖춘 자에게 수렵장의 관리·운영을 위탁할 수 있다.
② 지방 자치 단체의 장인 수렵장 설정자가 제1항의 규정에 의하여 수
렵장의 관리·운영을 위탁하는 때에는 대통령령이 정하는 바에 따라
환경부 장관에게 보고하여야 한다.
③ 제1항의 규정에 의하여 수렵장의 관리·운영을 위탁받은 자는 수렵
으로 인한 위해의 예방 및 이용자의 건전한 수렵 활동을 위하여 필요
한 시설·설비 등을 갖추어야 하고, 수렵장 관리 규정을 정하여 수렵
장 설정자의 승인을 얻어야 하며, 수렵장 운영 실적을 수렵장 설정자
에게 보고하여야 한다.
④ 제3항의 규정에 의한 수렵장의 시설·설비, 수렵장 관리 규정 및
수렵장 운영 실적의 보고에 관하여 필요한 사항은 환경부령으로 정한다.

제54조(수렵장의 설정 제한 지역) 다음 각호의 1에 해당하는 지역은

수렵장으로 설정할 수 없다. 〈개정 2004. 12. 31〉

  1. 특별 보호 구역, 시·도 보호 구역 및 보호 구역
  2. 자연 환경 보전법 제12조의 규정에 의하여 지정된 생태·경관 보전 지역 및 동법 제23조의 규정에 의하여 지정된 시·도 생태·경관 보전 지역
  3. 습지 보전법 제8조의 규정에 의하여 지정된 습지 보호 지역
  4. 자연 공원법 제2조 제1호의 규정에 의한 자연 공원 및 도시 공원법 제2조 제1호의 규정에 의한 도시 공원
  5. 군사 시설 보호법 제3조의 규정에 의한 군사 시설 보호 구역
  6. 국토의 계획 및 이용에 관한 법률 제36조의 규정에 의한 도시 지역
  7. 문화재 보호법 제2조의 규정에 의한 문화재가 있는 장소 및 동법 제8조의 규정에 의하여 지정된 보호 구역
  8. 관광 진흥법 제50조의 규정에 의하여 지정된 관광지 등
  9. 산림법 제31조의 규정에 의한 자연 휴양림, 동법 제49조의 규정에 의한 채종림 및 동법 제67조의 규정에 의한 산림 유전 자원 보호림의 산지
  10. 수목원 조성 및 진흥에 관한 법률 제4조의 규정에 의한 수목원
  11. 능묘·사찰·교회의 경내
  12. 그 밖에 야생 동물의 보호 등을 위하여 환경부령이 정하는 장소

제55조(수렵의 제한) 수렵장 안에서도 다음 각호의 1에 해당하는 장소 또는 시간에 있어서는 수렵을 하여서는 아니 된다.

  1. 시가지, 인가 부근, 그 밖에 여러 사람이 다니거나 모이는 장소
  2. 해진 후부터 해뜨기 전
  3. 운행 중인 차량·선박 및 항공기 안
  4. 도로법 제2조의 규정에 의한 도로로부터 100미터 이내의 장소. 다만, 도로 쪽을 향하여 수렵을 하는 경우에는 도로로부터 600미터 이내의 장소를 포함한다.

5. 문화재 보호법 제2조의 규정에 의한 문화재가 있는 장소 및 동
   법 제8조의 규정에 의하여 지정된 보호 구역으로부터 1킬로미터
   이내의 장소
6. 울타리가 설치되어 있거나 농작물이 있는 다른 사람의 토지. 다
   만, 점유자의 승인을 얻은 경우를 제외한다.
7. 그 밖에 인명 · 가축 · 문화재 · 건축물 · 차량 · 철도 차량 · 선박 또
   는 항공기에 피해를 줄 우려가 있어 환경부령이 정하는 장소 및 시간

제 5 장 보 칙

제56조(보고 및 검사 등) ① 환경부 장관은 필요하다고 인정하는 때
에는 다음 각호의 1에 해당하는 자에 대하여 대통령령이 정하는 바에
따라 필요한 보고를 명하거나 자료를 제출하게 할 수 있으며, 관계 공
무원으로 하여금 당해 사업자의 사무실 · 사업장 등에 출입하여 장부 ·
서류, 그 밖의 물건을 검사하거나 관계인에게 질문하게 할 수 있다.
1. 서식지 외 보전 기관의 운영자
2. 제14조 제1항 단서의 규정에 의하여 멸종 위기 야생 동식물의
   포획 · 채취 등의 허가를 받은 자
3. 제14조 제5항의 규정에 의하여 멸종 위기 야생 동식물의 보관
   신고를 한 자
4. 제16조 제1항의 규정에 의하여 국제적 멸종 위기종 및 그 가공
   품의 수출 · 수입 · 반출 또는 반입의 허가를 받거나 동조 제6항
   의 규정에 의하여 양도 등의 신고를 한 자
5. 제25조 제2항 본문의 규정에 의하여 생태계 교란 야생 동식물
   의 수입 또는 반입 허가를 받은 자
6. 제35조 제1항의 규정에 의하여 생물 자원 보전 시설을 등록한 자
7. 제41조의 규정에 의하여 생물 자원의 국외 반출 승인을 얻은 자

② 환경부 장관 또는 지방 자치 단체의 장은 제14조 제1항 단서의 규정에 의하여 멸종 위기 야생 동식물의 포획·채취 등의 허가를 받은 자에 대한 불법적인 포획·채취 여부 및 제52조의 규정에 의한 수렵 면허증의 휴대 의무의 이행 여부 등을 확인하기 위하여 필요한 경우에는 소속 공무원으로 하여금 포획·채취 등을 한 멸종 위기 야생 동식물의 검사와 수렵 면허증의 소지 여부 등을 검사하게 할 수 있다.

③ 환경부 장관 또는 관계 행정 기관의 장은 제17조 및 제71조의 규정에 의한 보호 조치·반송·몰수 등 필요한 조치를 하기 위하여 소속 공무원으로 하여금 국제적 멸종 위기종 및 그 가공품이 소재하는 장소에 출입하여 그 동식물이나 관계 서류, 그 밖의 필요한 물건을 검사하게 할 수 있다.

④ 제1항 내지 제3항의 규정에 의하여 출입·검사를 하는 공무원은 그 권한을 표시하는 증표를 지니고 이를 관계인에게 내보여야 한다.

제57조(포상금) 환경부 장관 또는 지방 자치 단체의 장은 다음 각호의 1에 해당하는 자를 환경 행정 관서 또는 수사 기관에 발각되기 전에 당해 기관에 신고 또는 고발하거나 그 위반 현장에서 직접 체포한 자와 불법 포획한 야생 동물 등을 신고한 자에게 대통령령이 정하는 바에 따라 포상금을 지급할 수 있다.

  1. 제9조 제1항의 규정을 위반하여 불법적으로 포획·수입 또는 반입한 야생 동물 및 이를 사용하여 만든 음식물 또는 가공품을 취득·양도·양수·운반·보관하거나 그러한 행위를 알선한 자

  2. 제10조의 규정을 위반하여 덫·창애·올무, 그 밖에 이와 유사한 방법으로 야생 동물을 포획할 수 있는 도구를 제작·판매·소지 또는 보관한 자

  3. 제14조 제1항의 규정을 위반하여 멸종 위기 야생 동식물을 포획·채취 등을 한 자

  4. 제14조 제2항의 규정을 위반하여 멸종 위기 야생 동식물을 포획하거나 고사시키기 위하여 폭발물·덫·창애·올무·함정·전

류 또는 그물을 설치 또는 사용하거나 유독물·농약 및 이와 유사
한 물질을 살포 또는 주입한 자
  5. 제16조 제1항의 규정을 위반하여 허가 없이 국제적 멸종 위기종
     및 그 가공품의 수출·수입·반출 또는 반입한 자
  6. 제19조 제1항의 규정을 위반하여 야생 동물을 포획하거나 동조
     제2항의 규정을 위반하여 야생 동물을 포획하기 위하여 폭발물·
     덫·창애·올무·함정·전류 또는 그물을 설치 또는 사용하거나
     유독물·농약 및 이와 유사한 물질을 살포 또는 주입한 자
  7. 제21조 제1항의 규정을 위반하여 야생 동물 및 그 가공품을 수
     출·수입·반출 또는 반입한 자
  8. 제25조 제1항의 규정을 위반하여 생태계 교란 야생 동식물을
     자연 환경에 풀어놓거나 식재한 자 또는 동조 제2항의 규정을 위
     반하여 생태계 교란 야생 동식물을 수입 또는 반입한 자
  9. 제42조 제2항의 규정을 위반하여 수렵장 외의 장소에서 수렵한 자
  10. 제43조 제1항의 규정을 위반하여 수렵 동물 외의 동물을 수렵
      한 자
  11. 제43조 제2항의 규정을 위반하여 수렵 기간이 아닌 때에 수렵
      하거나 수렵장 안에서 수렵을 제한하기 위하여 지정·고시한 사
      항을 지키지 아니한 자
  12. 제50조 제1항의 규정을 위반하여 수렵장 설정자로부터 수렵
      승인을 얻지 아니하고 수렵한 자
  13. 제55조의 규정을 위반하여 수렵 제한 사항을 지키지 아니한 자

제58조(재정 지원) 국가는 이 법의 목적을 달성하기 위하여 필요한
때에는 다음 각호의 1에 해당하는 사업에 소요되는 비용의 전부 또는
일부를 지방 자치 단체 또는 환경부령이 정하는 야생 동식물 보호 단
체에 보조할 수 있다.
  1. 야생 동식물의 서식 분포 조사
  2. 야생 동식물의 번식·증식·복원 등에 관한 연구

3. 생태계 교란 야생 동식물의 퇴치 기술 개발 및 천적(天敵)의 연구
4. 야생 동식물의 불법적인 포획·채취 등의 방지 및 수렵 관리
5. 야생 동물에 의한 피해의 예방 및 보상
6. 야생 동물의 구조 및 치료
7. 그 밖에 야생 동식물의 보호를 위하여 필요한 사업

제59조(야생 동식물 보호원) ① 환경부 장관 또는 지방 자치 단체의 장은 멸종 위기 야생 동식물, 생태계 교란 야생 동식물, 유해 야생 동물 등의 보호·관리 및 수렵에 관한 업무를 담당하는 공무원을 보조하는 야생 동식물 보호원을 둘 수 있다.
② 제1항의 규정에 의한 야생 동식물 보호원의 자격·임명 및 직무 범위에 관하여 필요한 사항은 환경부령으로 정한다.

제60조(야생 동식물 보호원의 결격 사유) 다음 각호의 1에 해당되는 자는 야생 동식물 보호원이 될 수 없다.
1. 금치산자 또는 한정 치산자
2. 파산자로서 복권되지 아니한 자
3. 이 법을 위반하여 금고 이상의 실형을 선고받고 그 집행이 종료 (집행이 종료된 것으로 보는 경우를 포함한다.)되거나 집행이 면제된 날부터 3년이 경과되지 아니한 자
4. 이 법을 위반하여 금고 이상의 형의 집행 유예를 선고받고 그 유예 기간 중에 있는 자

제61조(명예 야생 동식물 보호원) 환경부 장관 또는 지방 자치 단체의 장은 야생 동식물의 보호와 관련된 단체의 회원 등 환경부령이 정하는 자를 명예 야생 동식물 보호원으로 위촉할 수 있다.

제62조(야생 동식물 보호원 등의 해임·해촉) 환경부 장관 또는 지방 자치 단체의 장은 제59조 제1항의 규정에 의한 야생 동식물 보호원

또는 제61조의 규정에 의한 명예 야생 동식물 보호원이 다음 각호의 1
에 해당하는 때에는 이를 해임 또는 해촉할 수 있다. 다만, 제1호 및
제2호에 해당하는 경우에는 해임 또는 해촉하여야 한다.
 1. 제60조 각호의 1에 해당되게 된 때(야생 동식물 보호원에 한한다.)
 2. 제61조의 규정에 의한 단체의 회원인 자가 그 자격을 상실한 때
  (명예 야생 동식물 보호원에 한한다.)
 3. 업무 수행을 게을리하거나 업무 수행 능력이 부족한 때
 4. 업무상의 명령을 위반한 때

제63조(행정 처분의 기준) 제15조 제1항 · 제17조 제1항 · 제20조
제1항 · 제22조 · 제36조 제1항 · 제40조 제5항 및 제49조 제1항의
규정을 위반한 행위에 대한 행정 처분의 기준에 관하여 필요한 사항은
환경부령으로 정한다.

제64조(청문) 환경부 장관, 시 · 도지사 또는 시장 · 군수 · 구청장은
제15조 제1항 · 제17조 제1항 · 제20조 제1항 · 제22조 · 제36조 제
1항 · 제40조 제5항 및 제49조 제1항의 규정에 의한 허가 · 등록 또
는 면허를 취소하고자 하는 경우에는 청문을 실시하여야 한다.

제65조(해양 자연 환경 소관 기관 등) ① 제7조 · 제25조 및 제56조
중 해양 자연 환경에 관한 사항에 대하여는 '환경부 장관'을 각각 '해
양수산부 장관'으로 본다.
② 제2조 제4호 중 해양 자연 환경에 관한 사항에 대하여는 '환경부
령'을 '해양수산부령'으로 본다.

제66조(위임 및 위탁) ① 환경부 장관 또는 해양수산부 장관은 이 법
에 의한 권한의 일부를 대통령령이 정하는 바에 따라 소속 기관의 장
또는 시 · 도지사에게 위임할 수 있다.
② 시 · 도지사는 이 법에 의한 권한의 일부를 대통령령이 정하는 바에

따라 시장 · 군수 · 구청장에게 위임할 수 있다.

③ 환경부 장관은 이 법에 의한 업무의 일부를 대통령령이 정하는 바에 따라 관계 전문 기관에 위탁할 수 있다.

제 6 장   벌   칙

제67조(벌칙) 제14조 제1항의 규정을 위반하여 멸종 위기 야생 동식물 I급을 포획 · 채취 · 훼손하거나 고사시킨 자에 대하여는 5년 이하의 징역 또는 3천만 원 이하의 벌금에 처한다.

제68조(벌칙) 다음 각호의 1에 해당하는 자에 대하여는 3년 이하의 징역 또는 2천만 원 이하의 벌금에 처한다.

  1. 제14조 제1항의 규정을 위반하여 멸종 위기 야생 동식물 Ⅱ급을 포획 · 채취 · 훼손하거나 고사시킨 자

  2. 제14조 제1항의 규정을 위반하여 멸종 위기 야생 동식물 I급을 가공 · 유통 · 보관 · 수출 · 수입 · 반출 또는 반입한 자

  3. 제14조 제2항의 규정을 위반하여 멸종 위기 야생 동식물을 포획하거나 고사시키기 위하여 폭발물 · 덫 · 창애 · 올무 · 함정 · 전류 또는 그물을 설치 또는 사용하거나 유독물 · 농약 및 이와 유사한 물질을 살포 또는 주입한 자

  4. 제16조 제1항의 규정을 위반하여 허가 없이 국제적 멸종 위기종 및 그 가공품을 수출 · 수입 · 반출 또는 반입한 자

  5. 제28조 제1항의 규정을 위반하여 특별 보호 구역 안에서 훼손 행위를 한 자

제69조(벌칙) 다음 각호의 1에 해당하는 자에 대하여는 2년 이하의 징역 또는 1천만 원 이하의 벌금에 처한다.

1. 제14조 제1항의 규정을 위반하여 멸종 위기 야생 동식물 Ⅱ급을 가공 · 유통 · 보관 · 수출 · 수입 · 반출 또는 반입한 자

2. 제14조 제1항의 규정을 위반하여 멸종 위기 야생 동식물을 방사 또는 이식한 자

3. 제16조 제3항의 규정을 위반하여 국제적 멸종 위기종 및 그 가공품을 수입 또는 반입 목적 외의 용도로 사용한 자

4. 제16조 제4항의 규정을 위반하여 국제적 멸종 위기종 및 그 가공품을 양도 · 양수, 양도 · 양수의 알선 · 중개, 소유, 점유 또는 진열한 자

5. 제16조 제7항의 규정을 위반하여 국제적 멸종 위기종 및 그 가공품을 국외에서 포획 · 채취 · 구입하거나 국내로의 반입 또는 반입을 위한 알선 · 중개를 한 자

6. 제19조 제1항의 규정을 위반하여 야생 동물을 포획한 자

7. 제19조 제2항의 규정을 위반하여 야생 동물을 포획하기 위하여 폭발물 · 덫 · 창애 · 올무 · 함정 · 전류 또는 그물을 설치 또는 사용하거나 유독물 · 농약 및 이와 유사한 물질을 살포 또는 주입한 자

8. 제25조 제1항의 규정을 위반하여 생태계 교란 야생 동식물을 자연 환경에 풀어놓거나 식재한 자

9. 제25조 제2항의 규정을 위반하여 허가 없이 생태계 교란 야생 동식물을 수입 또는 반입한 자

10. 제30조의 규정에 의한 명령을 위반한 자

11. 제41조의 규정을 위반하여 승인을 얻지 아니하고 생물 자원을 국외로 반출한 자

12. 제42조 제2항의 규정을 위반하여 수렵장 외의 장소에서 수렵한 자

13. 제43조 제1항 또는 제2항의 규정에 의한 수렵 동물 외의 동물을 수렵하거나 수렵 기간이 아닌 때에 수렵한 자

14. 제44조 제1항의 규정을 위반하여 수렵 면허를 받지 아니하고 수렵한 자

15. 제50조 제1항의 규정을 위반하여 수렵장 설정자로부터 수렵

승인을 얻지 아니하고 수렵한 자

제70조(벌칙) 다음 각호의 1에 해당하는 자에 대하여는 1년 이하의 징역 또는 5백만 원 이하의 벌금에 처한다.

1. 제8조의 규정을 위반하여 야생 동물에 대하여 학대 행위를 한 자
2. 제9조 제1항의 규정을 위반하여 포획·수입 또는 반입한 야생 동물 및 이를 사용하여 만든 음식물 또는 가공품을 그 사실을 알면서 취득(음식물 또는 추출 가공 식품을 먹는 행위를 포함한다.)·양도·양수·운반·보관하거나 그러한 행위를 알선한 자
3. 제10조의 규정을 위반하여 덫·창애·올무, 그 밖에 이와 유사한 방법으로 야생 동물을 포획하는 도구를 제작·판매·소지 또는 보관한 자
4. 거짓, 그 밖의 부정한 방법으로 제14조 제1항 단서의 규정에 의한 포획·채취 등의 허가를 받은 자
5. 거짓, 그 밖의 부정한 방법으로 제16조 제1항 본문의 규정에 의한 수출·수입·반출 또는 반입 허가를 받은 자
6. 제18조 본문의 규정을 위반하여 멸종 위기 야생 동식물 및 국제적 멸종 위기종의 멸종 또는 감소를 촉진시키거나 학대를 유발할 수 있는 광고를 한 자
7. 거짓, 그 밖의 부정한 방법으로 제19조 제1항 단서의 규정에 의한 포획 허가를 받은 자
8. 제21조 제1항의 규정을 위반하여 허가 없이 야생 동물을 수출·수입·반출 또는 반입한 자
9. 제40조 제1항의 규정을 위반하여 등록을 하지 아니하고 야생 동물의 박제품을 제조 또는 판매한 자
10. 제43조 제2항의 규정에 의하여 수렵장 안에서 수렵을 제한하기 위해 정하여 고시한 사항(수렵 기간을 제외한다.)을 위반한 자
11. 거짓, 그 밖의 부정한 방법으로 제44조 제1항의 규정에 의한 수렵 면허를 받은 자

12. 제48조 제2항의 규정을 위반하여 수렵 면허증을 대여한 자

13. 제55조의 규정을 위반하여 수렵 제한 사항을 지키지 아니한 자

14. 이 법의 규정을 위반하여 야생 동물을 포획할 목적으로 총기와 실탄을 지니고 돌아다니는 자

제71조(몰수) 다음 각호의 1에 해당하는 국제적 멸종 위기종 및 그 가공품은 이를 몰수한다.

1. 제16조의 규정을 위반하여 허가 없이 수입 또는 반입되거나 그 수입 또는 반입 목적 외의 용도로 사용되는 국제적 멸종 위기종 및 그 가공품

2. 제16조의 규정을 위반하여 허가 없이 수입·반입된 사실을 알면서 양도·양수, 양도·양수의 알선·중개, 소유, 점유 또는 진열되고 있는 국제적 멸종 위기종 및 그 가공품

제72조(양벌 규정) 법인의 대표자나 법인 또는 개인의 대리인·사용인, 그 밖의 종업원이 그 법인 또는 개인의 업무에 관하여 제67조 내지 제70조의 규정에 의한 위반 행위를 한 때에는 행위자를 벌하는 외에 그 법인 또는 개인에 대하여도 각 해당 조의 벌금형을 과한다.

제73조(과태료) ① 다음 각호의 1에 해당하는 자는 1천만 원 이하의 과태료에 처한다.

1. 제26조 제2항의 규정에 의한 시·도지사의 조치를 위반한 자

2. 제33조 제4항의 규정에 의한 시·도지사 또는 시장·군수·구청장의 조치를 위반한 자

② 다음 각호의 1에 해당하는 자는 200만 원 이하의 과태료에 처한다.

1. 제14조 제4항의 규정을 위반하여 멸종 위기 야생 동식물의 포획·채취 등의 결과를 신고하지 아니한 자

2. 제14조 제5항의 규정을 위반하여 멸종 위기 야생 동식물의 보관 신고를 하지 아니한 자

3. 제29조 제1항의 규정에 의한 출입 제한 또는 금지를 위반한 자

4. 제56조 제1항 내지 제3항의 규정에 의한 공무원의 출입·검
사·질문을 거부·방해 또는 기피한 자

③ 다음 각호의 1에 해당하는 자는 100만 원 이하의 과태료에 처한다.

1. 제14조 제4항의 규정을 위반하여 허가증을 지니지 아니한 자

2. 제15조 제2항의 규정을 위반하여 허가증을 반납하지 아니한 자

3. 제16조 제6항의 규정을 위반하여 수입 또는 반입한 국제적 멸
종 위기종의 양도·폐사 등을 신고하지 아니한 자

4. 제19조 제4항의 규정을 위반하여 야생 동물의 포획 결과를 신
고하지 아니한 자

5. 제20조 제2항의 규정을 위반하여 허가증을 반납하지 아니한 자

6. 제28조 제3항의 규정에 의한 금지 행위를 위반한 자

7. 제28조 제4항의 규정에 의한 행위 제한을 위반한 자

8. 제33조 제5항의 규정을 위반하여 야생 동물의 번식기에 신고하
지 아니하고 시·도 보호 구역 또는 보호 구역 안에 들어간 자

9. 제36조 제2항의 규정을 위반하여 등록증을 반납하지 아니한 자

10. 제40조 제2항의 규정을 위반하여 장부를 비치하지 아니하거
나 거짓으로 기록한 자

11. 제40조 제3항의 규정에 의한 시장·군수·구청장의 명령을 준
수하지 아니한 자

12. 제40조 제6항의 규정을 위반하여 등록증을 반납하지 아니한 자

13. 제49조 제2항의 규정을 위반하여 수렵 면허증을 반납하지 아
니한 자

14. 제50조 제2항의 규정을 위반하여 수렵 동물의 종류·수량 등
을 신고하지 아니한 자

15. 제52조의 규정을 위반하여 수렵 면허증을 지니지 아니하고 수
렵을 한 자

16. 제53조 제3항의 규정을 위반하여 수렵장 운영 실적을 보고하
지 아니한 자

17. 제56조 제1항의 규정에 의한 보고를 하지 아니하거나 거짓으로
    보고한 자 또는 자료를 제출하지 아니하거나 거짓으로 제출한 자
④ 제1항 내지 제3항의 규정에 의한 과태료는 대통령령이 정하는 바
에 따라 환경부 장관, 시·도지사 또는 시장·군수·구청장(이하 이
조에서 '관할 관청'이라 한다.)이 부과·징수한다.
⑤ 제4항의 규정에 의한 과태료 처분에 불복이 있는 자는 그 처분의
고지를 받은 날부터 30일 이내에 관할 관청에 이의를 제기할 수 있다.
⑥ 제4항의 규정에 의한 과태료 처분을 받은 자가 제5항의 규정에 의
하여 이의를 제기한 때에는 관할 관청은 지체없이 관할 법원에 그 사
실을 통보하여야 하며, 그 통보를 받은 관할 법원은 비송사건 절차법
에 의한 과태료의 재판을 한다.
⑦ 제5항의 규정에 의한 기간 이내에 이의를 제기하지 아니하고 과태
료를 납부하지 아니한 때에는 국세 체납 처분 또는 지방세 체납 처분
의 예에 의하여 이를 징수한다.

부 칙 〈제7167호 2004.2.9〉

제1조(시행일) 이 법은 공포 후 1년이 경과한 날부터 시행한다.

제2조(다른 법률의 폐지) 조수 보호 및 수렵에 관한 법률은 이를 폐지
한다.

제3조(멸종 위기 야생 동식물에 대한 경과 조치) 이 법 시행 당시 종
전의 자연 환경 보전법에 의한 멸종 위기 야생 동식물은 제2조 제2호
가목의 규정에 의한 멸종 위기 야생 동식물 Ⅰ급으로 본다.

제4조(보호 야생 동식물에 대한 경과 조치) 이 법 시행 당시 종전의 자연 환경 보전법에 의한 보호 야생 동식물은 제2조 제2호 나목의 규정에 의한 멸종 위기 야생 동식물 Ⅱ급으로 본다.

제5조(국제적 멸종 위기종에 대한 경과 조치) 이 법 시행 당시 종전의 자연 환경 보전법에 의한 국제적 멸종 위기종 및 종전의 조수 보호 및 수렵에 관한 법률의 규정에 의하여 지정·고시된 멸종 위기에 처한 조수는 제2조 제3호의 규정에 의한 국제적 멸종 위기종으로 본다.

제6조(생태계 위해 외래 동식물에 대한 경과 조치) 이 법 시행 당시 종전의 자연 환경 보전법에 의한 생태계 위해 외래 동식물 제2조 제4호의 규정에 의한 생태계 교란 야생 동식물로 본다.

제7조(유해 조수에 대한 경과 조치) 이 법 시행 당시 종전의 조수 보호 및 수렵에 관한 법률의 규정에 의하여 지정·고시된 유해 조수는 제2조 제5호의 규정에 의한 유해 야생 동물로 본다.

제8조(서식지 외 보전 기관에 대한 경과 조치) 이 법 시행 당시 종전의 자연 환경 보전법의 규정에 의하여 지정된 서식지 외 보전 기관은 제7조의 규정에 의하여 서식지 외 보전 기관으로 지정된 것으로 본다.

제9조(멸종 위기 야생 동식물의 포획·채취 등의 허가에 관한 경과 조치) 이 법 시행 당시 종전의 자연 환경 보전법의 규정에 의하여 멸종 위기 야생 동식물 및 보호 야생 동식물의 포획·채취·이식·가공·수출·반출·유통 또는 보관에 관한 허가를 받은 경우에는 제14조 제1항 단서의 규정에 의하여 멸종 위기 야생 동식물의 포획·채취·이식·가공·수출·반출·유통 또는 보관에 관한 허가를 받은 것으로 본다.

제10조(국제적 멸종 위기종 등의 허가 등에 관한 경과 조치) 이 법 시

행 당시 종전의 자연 환경 보전법의 규정에 의하여 국제적 멸종 위기종 및 그 가공품에 대한 수출·재수출·반출·수입 또는 반입에 대한 승인 또는 종전의 조수 보호 및 수렵에 관한 법률의 규정에 의하여 멸종 위기에 처한 조수 및 그 가공품의 수출·수입·반출 또는 반입에 대한 허가를 받은 경우에는 제16조 제1항 본문의 규정에 의하여 국제적 멸종 위기종 및 그 가공품의 수출·수입·반출 또는 반입 허가를 받은 것으로 본다.

제11조(조수의 포획 허가에 관한 경과 조치) 이 법 시행 당시 종전의 조수 보호 및 수렵에 관한 법률의 규정에 의하여 조수의 포획 허가를 받은 경우에는 제19조 제1항 단서의 규정에 의하여 야생 동물의 포획 허가를 받은 것으로 본다.

제12조(조수의 수출 등의 허가에 관한 경과 조치) 이 법 시행 당시 종전의 조수 보호 및 수렵에 관한 법률의 규정에 의하여 조수의 수출·수입 또는 반입에 대한 허가를 받은 경우에는 제21조 제1항의 규정에 의하여 야생 동물의 수출·수입 또는 반입 허가를 받은 것으로 본다.

제13조(유해 조수의 포획 허가에 관한 경과 조치) 이 법 시행 당시 종전의 조수 보호 및 수렵에 관한 법률의 규정에 의하여 유해 조수의 포획 허가를 받은 경우에는 제23조 제1항의 규정에 의하여 유해 야생 동물의 포획 허가를 받은 것으로 본다.

제14조(생태계 위해 외래 동식물의 수입·반입 승인에 관한 경과 조치) 이 법 시행 당시 종전의 자연 환경 보전법의 규정에 의하여 생태계 위해 외래 동식물의 수입 또는 반입에 대한 승인을 얻은 경우에는 제25조 제2항의 규정에 의하여 생태계 교란 야생 동식물의 수입 또는 반입 허가를 받은 것으로 본다.

제15조(시·도 관리 야생 동식물에 대한 경과 조치) 이 법 시행 당시 종전의 자연 환경 보전법의 규정에 의하여 지정된 시·도 관리 야생 동식물은 제26조의 규정에 의하여 시·도 보호 야생 동식물로 지정·고시된 것으로 본다.

제16조(조수 보호구에 대한 경과 조치) 이 법 시행 당시 종전의 조수 보호 및 수렵에 관한 법률의 규정에 의하여 설정된 조수 보호구는 제33조의 규정에 의하여 야생 동식물 보호 구역으로 지정·고시된 것으로 본다.

제17조(박제업의 등록에 관한 경과 조치) 이 법 시행 당시 종전의 조수 보호 및 수렵에 관한 법률의 규정에 의하여 박제업자로 등록한 자는 제40조 제1항의 규정에 의하여 박제업자로 등록한 자로 본다.

제18조(생물 자원에 대한 경과 조치) 이 법 시행 당시 종전의 자연 환경 보전법에 의한 생물 자원은 제41조의 규정에 의하여 생물 자원으로 지정·고시된 것으로 본다.

제19조(생물 자원의 국외 반출 승인에 관한 경과 조치) 이 법 시행 당시 종전의 자연 환경 보전법의 규정에 의하여 생물 자원의 국외 반출 승인을 얻은 경우에는 제41조의 규정에 의하여 생물 자원의 국외 반출 승인을 얻은 것으로 본다.

제20조(수렵 조수에 대한 경과 조치) 이 법 시행 당시 종전의 조수 보호 및 수렵에 관한 법률의 규정에 의하여 고시된 수렵 조수는 제43조의 규정에 의하여 수렵 동물로 지정·고시된 것으로 본다.

제21조(수렵 면허에 관한 경과 조치) 이 법 시행 당시 종전의 조수 보호 및 수렵에 관한 법률의 규정에 의하여 제1종 수렵 면허 및 제2종

수렵 면허를 받은 경우에는 제44조 제2항 제1호의 규정에 의한 제1종 수렵 면허를 받은 것으로 보며, 종전의 조수 보호 및 수렵에 관한 법률의 규정에 의하여 제3종 수렵 면허를 받은 경우에는 제44조 제2항 제2호의 규정에 의한 제2종 수렵 면허를 받은 것으로 본다.

제22조(수렵 면허 시험에 관한 경과 조치) 이 법 시행 당시 종전의 조수 보호 및 수렵에 관한 법률의 규정에 의하여 수렵 면허 시험에 합격한 경우에는 제45조 제1항의 규정에 의한 수렵 면허 시험에 합격한 것으로 본다.

제23조(수렵 강습에 관한 경과 조치) 이 법 시행 당시 종전의 조수 보호 및 수렵에 관한 법률의 규정에 의하여 수렵 강습을 받은 경우에는 제47조 제1항의 규정에 의한 수렵 강습을 받은 것으로 본다.

제24조(수렵 승인에 관한 경과 조치) 이 법 시행 당시 종전의 조수 보호 및 수렵에 관한 법률의 규정에 의하여 수렵 승인을 얻은 경우에는 제50조 제1항의 규정에 의하여 수렵 승인을 얻은 것으로 본다.

제25조(조수 보호원에 대한 경과 조치) 이 법 시행 당시 종전의 조수 보호 및 수렵에 관한 법률의 규정에 의하여 임명된 조수 보호원은 제59조의 규정에 의하여 야생 동식물 보호원으로 임명된 것으로 본다.

제26조(명예 조수 보호원에 대한 경과 조치) 이 법 시행 당시 종전의 조수 보호 및 수렵에 관한 법률의 규정에 의하여 위촉된 명예 조수 보호원은 제61조의 규정에 의하여 명예 야생 동식물 보호원으로 위촉된 것으로 본다.

제27조(계속 중인 행위에 관한 경과 조치) 이 법 시행 당시 종전의 자연 환경 보전법 및 조수 보호 및 수렵에 관한 법률에 의하여 행한 처

분, 그 밖의 행정 기관의 행위 또는 행정 기관에 대한 행위는 이 법에
의한 처분, 그 밖의 행정 기관의 행위 또는 행정 기관에 대한 행위로
본다.

제28조(벌칙 및 과태료에 관한 경과 조치) 이 법 시행 전에 행한 위반
행위에 대한 벌칙 및 과태료의 적용에 있어서는 종전의 자연 환경 보
전법 및 조수 보호 및 수렵에 관한 법률의 규정에 의한다.

제29조(다른 법률의 개정) ① 자연 환경 보전법 중 다음과 같이 개정
한다.
　제2조 제5호 내지 제8호를 각각 삭제한다.
　제2조 제12호 중 '멸종 위기 야생 동식물 또는 보호 야생 동식물
　서식지·도래지로서 중요하거나 생물 다양성'을 '생물 다양성'으로
　한다.
　제2조 제18호를 삭제한다.
　제9조 내지 제15조를 각각 삭제한다.
　제16조 제1항 중 '환경부 장관은 멸종 위기 야생 동식물 또는 보호
　야생 동식물의 보호를 위하여 필요한 지역'을 '환경부 장관'으로
　한다.
　제17조를 삭제한다.
　제18조 제1항 제3호 및 동조 제2항 제1호를 각각 삭제한다.
　제39조 내지 제41조를 각각 삭제한다.
　제52조 제2호 및 제10호를 각각 다음과 같이 개정한다.
　2. 야생 동식물 보호법 제7조의 규정에 의한 서식지 외 보전 기관
　　의 지원
　10. 야생 동식물 보호법 제58조 제3호의 규정에 의한 생태계 교란
　　야생 동식물의 퇴치 기술 개발 및 천적의 연구
　제60조 제1항 중 '제8조, 제10조'를 '제8조'로 하고, '제36조,
　제39조, 제40조'를 '제36조'로 하며, 동조 제2항 중 '제10조 제

3항, 제21조 제1항 · 제2항'을 '제21조 제1항 · 제2항'으로 한다.

제62조 및 제63조를 각각 삭제한다.

제64조 제1호 내지 제3호를 각각 삭제한다.

제65조 및 제66조를 각각 삭제한다.

제67조 중 '제62조 내지 제65조'를 '제64조'로 한다.

제68조 제2항 제1호를 삭제한다.

② 국토의 계획 및 이용에 관한 법률 중 다음과 같이 개정한다.

제8조 제2항 제1호에 마목을 다음과 같이 신설한다.

마. 야생 동식물 보호법 제27조의 규정에 의한 야생 동식물 특별 보호 구역

제8조 제3항 제1호 나목을 다음과 같이 한다.

나. 야생 동식물 보호법 제33조의 규정에 의한 시 · 도 야생 동식물 보호 구역

제76조 제6항 중 '농지법 · 자연 환경 보전법'을 '농지법, 자연 환경 보전법, 야생 동식물 보호법'으로 한다.

③ 농어촌 구조 개선 특별 회계법 중 다음과 같이 개정한다.

제4조의 2 제1항에 제1호의 2를 다음과 같이 신설한다.

1의 2. 야생 동식물 보호법 제50조 제3항의 규정에 의한 수렵장 사용료 등 수입금

④ 독도 등 도서 지역의 생태계 보전에 관한 특별법 중 다음과 같이 개정한다.

제8조 제1항 제10호 중 '자연 환경 보전법 제2조 제18호의 규정에 의한 생태계 위해 외래 동식물'을 '야생 동식물 보호법 제2조 제4호의 규정에 의한 생태계 교란 야생 동식물'로 한다.

⑤ 동물 보호법 중 다음과 같이 개정한다.

제11조 제2호 중 '조수 보호 및 수렵에 관한 법률'을 '야생 동식물 보호법'으로 한다.

⑥ 사법 경찰 관리의 직무를 행할 자와 그 직무 범위에 관한 법률 중 다음과 같이 개정한다.

제6조 제19호 저목을 다음과 같이 한다.

저. 야생 동식물 보호법

⑦ 산림법 중 다음과 같이 개정한다.

제75조 제1항 제8호 중 '조수 보호 및 수렵에 관한 법률 제13조'를 '야생 동식물 보호법 제42조'로 한다.

⑧ 산지 관리법 중 다음과 같이 개정한다.

제4조 제1항 나목 (4)를 다음과 같이 한다.

(4) 야생 동식물 보호법 제27조의 규정에 의한 야생 동식물 특별 보호 구역 및 동법 제33조의 규정에 의한 시·도 야생 동식물 보호 구역 및 야생 동식물 보호 구역의 산지

⑨ 수목원 조성 및 진흥에 관한 법률 중 다음과 같이 개정한다.

제15조 제1항 단서 중 '자연 환경 보전법'을 각각 '야생 동식물 보호법'으로 한다.

제18조 제2항 중 '자연 환경 보전법 제10조'를 '야생 동식물 보호법 제7조'로 한다.

⑩ 습지 보전법 중 다음과 같이 개정한다.

제13조 제2항 중 '자연 환경 보전법 제2조 제18호의 규정에 의하여 지정·고시된 생태계 위해 외래 동식물'을 '야생 동식물 보호법 제2조 제4호의 규정에 의한 생태계 교란 야생 동식물'로 한다.

⑪ 연안 관리법 중 다음과 같이 개정한다.

제13조 제1항에 제9호를 다음과 같이 신설한다.

9. 야생 동식물 보호법 제18조 제1항 제6호를 다음과 같이 한다.

6. 야생 동식물 보호법 제33조의 규정에 의한 시·도 야생 동식물 보호 구역 및 야생 동식물 보호 구역 지정의 해제

⑫ 외국인 토지법 중 다음과 같이 개정한다.

제4조 제2항에 제5호를 다음과 같이 신설한다.

5. 야생 동식물 보호법 제27조의 규정에 의한 야생 동식물 특별 보호 구역

⑬ 초지법 중 다음과 같이 개정한다.

제3조 제1항에 제6호를 다음과 같이 신설한다.

6. 야생 동식물 보호법 제27조의 규정에 의한 야생 동식물 특별 보호 구역

⑭ 환경 범죄의 단속에 관한 특별 조치법 중 다음과 같이 개정한다.

제2조 제7호 사목을 다음과 같이 한다.

사. 야생 동식물 보호법 제27조의 규정에 의하여 지정된 야생 동식물 특별 보호 구역 및 동법 제33조의 규정에 의하여 지정된 시·도 야생 동식물 보호 구역 및 야생 동식물 보호 구역

제6조를 다음과 같이 한다.

제6조(멸종 위기 야생 동식물의 포획 등의 가중 처벌) 매매를 목적으로 야생 동식물 보호법 제67조·제68조 제1호 내지 제3호 또는 제69조 제1호의 죄를 범한 자는 동법 각 해당 조에서 정한 징역과 매매로 인하여 취득하였거나 취득할 수 있는 가액의 2배 이상 10배 이하에 상당하는 벌금을 병과한다.

⑮ 환경 개선 특별 회계법 중 다음과 같이 개정한다.

제3조에 제6호의 2를 다음과 같이 신설한다.

6의 2. 야생 동식물 보호법 제50조의 규정에 의한 수렵장 사용료

제4조 제1항에 제3호의 3을 다음과 같이 신설한다.

3의 3. 야생 동식물 보호법 제58조 각호의 규정에 의한 용도

제30조(다른 법률과의 관계) 이 법 시행 당시 다른 법령에서 종전의 자연 환경 보전법과 조수 보호 및 수렵에 관한 법률의 규정을 인용한 경우에 이 법 중 그에 해당하는 규정이 있는 때에는 종전의 규정에 갈음하여 이 법의 해당 조항을 인용한 것으로 본다.

학명 찾아보기

한국명 찾아보기

원색 도감 · 한국의 자연 시리즈 ⑪

한국의 멸종 위기 야생 동식물

초판 발행 / 1998. 5. 20.
4 판 발행 / 2009. 1. 15.

지은이 / 원병오 외 18인
펴낸이 / 양철우
펴낸곳 / (주)교학사

기획 / 유홍희
편집 / 황정순
교정 / 차진승 · 김천순
장정 / 송병석
제작 / 이재환
원색 분해 · 인쇄 / 본사 공무부

〔개정증보판〕

판 권
본 사
소 유

등록 / 1962. 6. 26.(18-7)
주소 / 서울 마포구 공덕동 105-67
전화 / 편집부 · 312-6685　영업부 · 7075-155
팩스 / 편집부 · 365-1310　영업부 · 7075-160
대체 / 012245-31-0501320
홈 페이지 / http://www.kyohak.co.kr

값 35,000 원

＊ 이 책에 실린 도판, 사진, 내용의 복사, 전재를 금함.

Endangered Wild Species in Korea
by Won, Pyong-Oh & Eighteen Joint Authors

Published by Kyo-Hak Publishing Co., Ltd., 1998
105-67, Gongdeok-dong, Mapo-gu, Seoul, Korea
Printed in Korea

ISBN 978-89-09-11025-9 96400